地基基础液化鉴定与加固新技术研究

杨润林 著

全国百佳图书出版单位

图书在版编目（CIP）数据

地基基础液化鉴定与加固新技术研究/杨润林著.—北京：知识产权出版社，2018.6
ISBN 978-7-5130-5641-0

Ⅰ.①地… Ⅱ.①杨… Ⅲ.①地基液化—鉴定②地基—基础（工程）—加固—研究 Ⅳ.①TU441②TU753

中国版本图书馆CIP数据核字（2018）第136438号

内容提要

本书共5篇11章。第一篇主要介绍地基液化领域目前的研究成果和现状；第二篇重点介绍地基液化数值模拟方面的相关成果；第三篇针对地基液化鉴定技术，阐述了一种可用于地基液化空间差异性分析的多维变尺度评估新方法；第四篇针对研究提出的孔眼式钢管桩群体系，结合一系列试验研究分析了其抗液化效果；第五篇为全书的总结，阐述了本书主要的研究成果。

本书的研究成果具有一定创新性，可以和传统的地基抗液化加固技术方法进行对比参照，可供土木工程相关设计、施工和科研工作者参考。

责任编辑：张雪梅　　　　　　　　　　责任校对：谷　洋
封面设计：睿思视界　　　　　　　　　责任印制：刘译文

地基基础液化鉴定与加固新技术研究
杨润林　著

出版发行：	知识产权出版社 有限责任公司	网　　址：	http://www.ipph.cn	
社　　址：	北京市海淀区气象路50号院	邮　　编：	100081	
责编电话：	010-82000860 转8171	责编邮箱：	410746564@qq.com	
发行电话：	010-82000860 转8101/8102	发行传真：	010-82000893/82005070/82000270	
印　　刷：	三河市国英印务有限公司	经　　销：	各大网上书店、新华书店及相关专业书店	
开　　本：	720mm×1000mm　1/16	印　　张：	10.75	
版　　次：	2018年6月第1版	印　　次：	2018年6月第1次印刷	
字　　数：	170千字	定　　价：	69.00元	
ISBN 978-7-5130-5641-0				

出版权专有　侵权必究
如有印装质量问题，本社负责调换。

前　言

在工程抗震研究领域，地基液化是个永恒的话题。仅以国内为例，无论四十多年前的唐山地震还是十年前的汶川地震，都出现了严重的地基液化问题。当土体具有液化趋势时，意味着土体颗粒之间彼此逐渐脱离接触，直至悬浮于液态水中，表现出流体一类的变形特征，就会部分直至完全丧失承载力，造成地基不均匀沉降，从而导致上部结构倾斜甚至倒塌，风险极大。因此，研究工程地基基础的抗液化性能历来是非常重要的。

本书内容主要围绕重要建筑地基基础的液化鉴定和加固技术展开：第一篇简要介绍地基液化研究背景及现状；第二篇主要介绍地基基础抗液化加固数值模拟的相关成果，重点研究碎石桩对于加固可液化地基和提高桩基础抗震性能的实际效果，并为后续试验过程中与孔眼式钢管桩的效果相对比奠定基础；考虑到常规液化指数法无法针对地基液化性能进行三维空间差异性分析的局限性，第三篇提出了一种可用于地基液化性能评估的多维变尺度分析新方法，它可以将地基液化性能的评定分析由孔细化到测点，并沿任意方位进行，且结合工程实例进行了阐述；第四篇提出一种新型的孔眼式钢管桩群体系以解决地基液化问题，并结合一系列试验与碎石桩进行抗液化效果对比，以验证其有效性；第五篇为全书的系统性总结，阐述了主要研究成果以及相关技术的应用前景。笔者在本书中引入了课题最新的研究成果，希望能起到抛砖引玉的作用，进一步深化相关方面的研究。

本书的研究工作得到了"十二五"国家科技支撑计划项目课题（2015BAK14B02）的支持，书中涉及的文献资料包括公开发表的著作、论文和各种规范等，已尽可能地罗列于参考文献之中，但难免百密一疏，若有遗漏在此表示歉意。

中国建筑科学研究院地基所的王曙光和邸道怀研究员对本书的撰写提出了非常具有建设性的意见，孙大圣、高强、马成金、张雨和许启民等分别参加了本书数值计算、试验执行和图文修改等工作，在此一并表示衷心的感谢和诚挚的敬意。

在撰写过程中笔者尽可能做到深入浅出、通俗易懂，以扩大读者群体。本书若能对广大高校师生、科研人员和企业的工程技术人员有所帮助，笔者将甚感欣慰。限于笔者水平，书中不足之处在所难免，欢迎读者批评指正。

目 录

第一篇 地基液化研究背景及现状

第1章 地基液化研究背景 3
1.1 引言 3
1.2 课题来源 5

第2章 地基基础液化研究现状 6
2.1 地基液化研究现状 6
2.2 地基液化鉴定研究现状 7
2.3 地基抗液化措施研究现状 10
2.4 碎石桩加固可液化地基研究现状 14
2.5 液化场地桩基抗震性能研究现状 17
2.6 当前研究的不足 21

第3章 本书涉及的关键技术问题 23
3.1 地基液化性能鉴定新技术 23
3.2 地基基础抗液化加固新技术 23

第二篇 地基基础抗液化加固数值模拟

第4章 采用碎石桩加固的地基抗液化性能 27
4.1 计算参数 27
4.2 模拟结果分析 30
4.3 小结 51

第5章 碎石桩位置对地基局部抗液化性能的影响 52
5.1 建立计算模型 52
5.2 模拟结果分析 55
5.3 小结 64

第 6 章　碎石桩围护的混凝土桩基础的抗震性能 ································ 65
  6.1　建立计算模型 ·· 66
  6.2　模拟结果分析 ·· 68
  6.3　小结 ·· 75

第三篇　地基液化性能的鉴定评估

第 7 章　基于液化梯度分析的地基液化性能多维变尺度评估方法 ········ 79
  7.1　地基液化评判方法简述 ·· 79
  7.2　液化指数评判方法的局限性 ·· 80
  7.3　地基液化性能多维变尺度分析法 ·· 81
  7.4　小结 ·· 84

第 8 章　工程实例分析 ·· 85
  8.1　工程背景 ·· 85
  8.2　工程应用实例分析 ·· 87

第四篇　地基基础抗液化加固试验

第 9 章　地基抗液化性能试验 ·· 105
  9.1　纯地基条件下地基抗液化性能试验 ·· 105
  9.2　设置碎石桩条件下地基抗液化性能试验 ·· 113
  9.3　设置孔眼式钢管桩条件下地基抗液化性能试验 ···························· 120
  9.4　试验结果分析 ·· 128

第 10 章　桩基础抗液化加固试验 ·· 129
  10.1　纯地基条件下桩基础抗液化性能试验 ·· 129
  10.2　碎石桩地基条件下桩基础抗液化性能试验 ···································· 138
  10.3　孔眼式钢管桩地基条件下桩基础抗液化性能试验 ······················ 146
  10.4　试验结果分析 ·· 154

第五篇　研究成果总结

第 11 章　本书主要研究成果 ·· 157
  11.1　地基液化性能鉴定新技术小结 ·· 157
  11.2　地基基础抗液化加固新技术小结 ·· 158

参考文献 ·· 161

第一篇

地基液化研究背景及现状

第1章 地基液化研究背景

1.1 引　　言

在各类自然灾害中，地震具有难以想象的破坏力，历来被视为灾害之首。在地震发生的短短数十秒内，其直接影响区域内的建筑物或基础设施可能会瞬间损毁。地震对建筑物的破坏包括两种情况：一种是上部建筑结构由于振动效应而遭受破坏，另一种则是由于地基基础失效而引起的破坏。因此，研究地基基础的抗震性能是非常重要的。

地基液化是震害的主要表现形式之一，它是指含水率接近饱和的地基土体受地震等外部振动荷载的持续作用，土体骨架逐渐破坏，继而表现出类似液体具有流动性的一类地基变形现象（图1.1）。地基液化与否和土质条件紧密相关，如松砂或粉土地基在动力荷载及流体作用下易于液化。在地基土体液化的过程中常常伴随着地下水从地表冒出、地基局部或整体沉降、上部建筑物发生倾斜或整体倒塌等震害现象。土体发生不同程度的液化后，地基将部分甚至完全丧失承载力，后果通常是非常严重的。

图1.1　地震引起的液化现象

在国内，地震导致地基液化的工程实例很多。例如，发生于1976年的唐山地震[1]震级为里氏7.8级。灾后调查发现，地基土体发生了严重的液化现象，涉及唐山地区、天津地区和北京部分地区，导致大量的桥梁和建筑物遭到严重破坏，甚至完全倒塌。

发生于2008年的汶川地震[2]具有波及地域广和破坏性强的鲜明特点，地震引起的伤亡很大，经济损失严重。在地震发生的过程中，液化现象十分明显[3]。震后调查发现，震区内地面出现了喷砂冒水点，多处房屋因此偏移或者整体倒塌（图1.2）。

（a）倾斜、开裂的居民楼　　　　　　　（b）倒塌的民房

图1.2　汶川大地震中破坏的房屋

在国外，由地震诱发的地基液化的实例也很多。美国舍费尔德土坝坝底为砂土地基且处于饱和状态，在1925年遭遇地震，致使坝底地基液化，大坝瞬间解体崩塌（图1.3）。

图1.3　舍费尔德土坝的破坏

日本新潟地震[4]（1964年）发生过程中，部分建筑下的砂土地基在急剧上升的孔隙水压力作用下流动、漂浮，致使上部建筑物出现不同程度的倾斜甚至倒塌（图1.4）。

图 1.4 新潟地震中建筑物发生严重倾斜

鉴于此，地震诱发的土体液化而造成的震害已引起国内外抗震工作者的高度重视，相应的研究也成为岩土工程抗震领域的重点研究方向之一。研究地基土体的液化性能鉴定和加固处理具有十分重要的意义，可为地基基础施工设计提供可靠的理论依据和技术支撑，从而减轻地震作用对地基和基础的破坏，保障人民生命和财产的安全。

1.2　课　题　来　源

本书的研究内容受"十二五"国家科技支撑计划项目"城镇要害系统综合防灾关键技术研究与示范"（2015BAK14B00）资助，隶属于课题"城镇重要功能节点和脆弱区灾害承载力评估与处置技术"（2015BAK14B02）。

本书主要研究工作包括：基于场地液化程度空间差异性分析，形成地震作用下重要建筑地基基础抗液化性能鉴定评估技术，并进行建筑场地的液化风险分析；基于场地的液化风险评估分析，提出一种新型的地震作用下重要建筑地基基础抗液化加固的方法。

第 2 章 地基基础液化研究现状

2.1 地基液化研究现状

1964 年，位于地震多发区的日本新潟发生了里氏 7.5 级的地震，地震波及区域内液化现象明显，高层建筑物损坏严重。同年，在美国两大地震多发州之一的阿拉斯加州南部海峡发生了里氏 8.4 级的地震，地震影响区域内土体发生了不同程度的液化，高层或占地较广的建筑物差不多均遭受破坏。自此，从工程实践的角度国内外研究者深刻意识到了地基液化危害的严重性，开始针对这一问题展开全面和系统的研究。

1966 年 Seed 和 Lee 首次在饱和密砂固结不排水动三轴试验中发现孔隙水压力上升，这将导致饱和密砂"液化"现象，证明了循环流动性的存在，并提出了"初始液化"的概念[5]。之后，国外学者掀起了关于地震诱发的砂土液化及地震作用下饱和砂土中振动孔隙水压力变化规律研究的热潮，以 Martin 和 Finn[6]，Seed 和 Idriss 等人的研究最具代表性。除了地震过程中土体的动水压力，一些学者还将研究焦点放在土体加速度、砂土孔隙比等方面。譬如，马斯洛夫[7]根据砂土的振动压密试验结果提出了临界加速度的概念，并建立了一套饱和砂土稳定性动力破坏的渗透理论。1975 年，Casagrande[8]对之前提出的"临界孔隙比"的概念和试验方法作了重新调整和优化，提出"流动结构""稳态变形""稳态强度"等概念。

我国学者对液化土的研究始于 20 世纪 60 年代。1961 年黄文熙[9]提出用动三轴试验手段研究砂土液化，为后续研究开辟了途径。汪闻韶[10]研究了饱和砂土振动孔隙水压力的产生、扩散与消散，把饱和液化土（砂土）的液化机理归纳为循环活动性（cyclic mobility）、流滑（flow slide）和砂沸（sand boil）三种类型。

刘颖等[11]探讨了循环荷载作用下饱和砂土的极限平衡条件和液化破坏过

程，给出了一个可用于饱和砂层地震稳定性分析的广义库伦公式，根据对砂土液化试验记录的分析给出饱和砂土的动力有效应力抗剪强度。为了达到工程应用的目的，文献[11]中考虑把循环荷载作用下饱和砂土的破坏过程分为两个阶段，并把这两个阶段的起点作为饱和砂土的破坏准则，此外还给出了饱和砂土液化破坏时破坏面上循环剪应力与循环荷载次数间的一般关系，为后续饱和砂土液化机理的研究提供了参考。

徐志英等[12]在 Seed 等提出的复合地基桩间土动力控制方程的基础上考虑到动剪应变与动剪切模量之间的非线性关系，以及振动孔隙水压力增长效应（砂土软化）逐渐变化的动力性质，提出了计算饱和土体地震反应的二维动力分析方法，可以求得地震过程中饱和土体的加速度、动应力、动应变以及振动孔隙水压力随着时间的变化、液化的开始和发展过程。

周健等[13-15]提出了一种包含 Biot 固结方程的二维伪相互振动固结方程，并在计算过程中分段考虑了孔压的增长、消耗和扩散过程，进而推广到三维空间。

刘汉龙等[16-18]基于应变空间多重剪切机构塑性模型提出了一种地震液化后地面侧向变形的估计方法，并同实际震害现象进行了对比，显示出较好的一致性。

2.2 地基液化鉴定研究现状

在砂土或粉土分布广泛的地区，地震液化是导致地基失稳和上部结构受损的直接原因之一，因此针对当地抗震设防烈度进行相应的地基液化评定是这类工程场地开展岩土地震稳定性评价的重要组成部分，必须予以高度重视。

2.2.1 砂土或粉土地基液化判定方法的研究现状

曾凡振等[19]以我国《建筑抗震设计规范》（GB 50011—2001）为基础，结合美国国家地震研究中心（NCEER）建议并由美国规范 ASCE/SEI7-05（minimum design loads for buildings and other structures）推荐的液化判别方法，介绍了中美抗震规范的地基液化判别方法，并对两国规范中地基土体液化判别方法考虑的主要因素及其可靠性进行了分析比较。通过实例对比分析，结果表明：虽然两国规范都采用以标准贯入试验（SPT-N）为主的经验判别方法，但美国规范考虑的液化影响因素比较全面，而我国规范的地基液化判别标准在某些条件下偏于保守，在某些条件下又偏于不安全。

由于获得高质量未扰动砂土样存在困难和试验成本的限制，基于静力触探（CPT）的原位测试方法通常用于砂土液化势的评价。目前，基于CPT测试资料已经提出了许多砂土液化势的评价方法，国内通常采用规范推荐的基于标准贯入试验的砂土液化判别方法，而欧美、非洲及东南亚国家大多采用Seed简化法。

蔡国军等[20]在对我国《建筑抗震设计规范》（GB 50011—2001）中砂土液化判别方法与国外修正的Seed简化法的原理、方法及参数进行分析的基础上讨论了两种方法的差异。由于这些差异的存在，采用不同方法判别砂土液化可能性时会得出不同的甚至是相反的结果。

根据国内外文献资料，任红梅等[21]从三方面总结了饱和砂土研究的最新进展，即饱和砂土液化判别方法、砂土液化的试验研究和液化后分析，特别探讨了液化对上部结构的影响，指出了存在的问题和今后的研究方向。

陈国兴等[22]回顾了以标贯试验和地表峰值加速度为依据的砂土液化判别方法的演化历史，以及依据Idriss-Boulanger确定液化临界曲线的基本方法，提出了确定液化临界曲线的基本原则，并分别依据美国液化数据库、中国抗震规范液化判别式所用的液化数据及综合两者的液化数据资料，给出了相应的液化临界曲线，验证了液化临界曲线的位置对不同的细粒含量、有效上覆压力、现场试验方法的液化数据的合理性，分析了测量或估计土层循环应力比和修正标贯击数各种因素的不确定性对液化临界曲线的敏感性。结果表明：所提出的液化临界曲线不易受各种因素的影响。他利用Monte-Carlo模拟、加权最大似然法和加权经验概率法，给出了液化临界曲线的名义抗液化安全系数与液化概率的经验关系式及概率等值线。

路江鑫等[23]对地震荷载作用下不同深度饱和粉土地基的液化特性进行了研究，通过室内动三轴试验研究地震荷载作用下饱和粉土地基的最大可液化深度。试验中通过对给定不同应力幅值动荷载作用下饱和粉土的液化特性进行研究，得到不同地震烈度下不同深度土体的动剪应力比与破坏振次关系曲线，进而结合地基液化判别公式判断不同深度饱和粉土在不同地震烈度下是否发生液化。其研究成果为高烈度地区确定抗液化措施及处理深度提供了依据。

张继红等[24]通过对 11 项典型工程场地进行原位取土及双桥静力触探原位测试分析，重点研究了上海地区薄层黏性土（或黏质粉土）夹层对液化判别的影响，统计分析了锥尖阻力 q_c、摩阻比 R_f 与土层黏粒含量的相关关系，提出了完全依据双桥静力触探试验的地基液化判别方法。

2.2.2 碎石桩地基条件下液化鉴定的研究现状

许明军等[25]就目前国内外碎石桩处理液化地基抗液化理论、动力分析以及液化判别等方面的研究做了简要归纳和评述，介绍了在理论研究如碎石桩排水效应和桩体效应方面取得的进展，同时指出了碎石桩处理液化地基判别标准方面发展较慢的问题。

周元强等[26]针对目前适用于碎石桩复合地基液化判别方法相对缺乏的现状，依据碎石桩复合地基中地震剪应力按碎石桩和桩间土刚度进行分配的思路，以 Seed 剪应力法和美国 NCEER 协会推荐的抗液化剪应力比公式为基础，提出适用于碎石桩复合地基的液化判别方法，并采用有限元数值模拟方法模拟了地震中碎石桩复合地基桩间土的剪应力变化。模拟分析结果表明，设置碎石桩后桩间土的地震剪应力小于设置碎石桩前的地震剪应力，说明刚度较大的碎石桩分担了较大的地震剪应力，而刚度较小的桩间土分担了较小的地震剪应力。最后对比了有限元数值模拟结果、我国规范法判别结果和建议方法的判别结果，得出一种碎石桩复合地基的液化判别方法。

卢红前等[27]通过研究，综合考虑了碎石桩复合地基的挤密和振密效应、减震效应、排水减压效应，提出了一种基于场地超孔隙水压比的碎石桩复合地基抗液化判别方法。该方法以《建筑抗震设计规范》（GB 50011—2010）为基础，反映了设计基本地震加速度、液化判别标准贯入锤击数基准值、液化指数和场地超孔隙水压比之间的内在联系。

郑建国[28]通过一系列现场原位试验，指出碎石桩对可液化软弱地基具有三方面的加固作用，即对可液化土层的挤密和振密作用、减震作用及排水作用，提出了碎石桩复合地基液化判别的方法。他指出，在判别碎石桩复合地基液化可能性时，应当同时考虑上述三方面作用。对于桩间土的液化判别临界标贯击数，他认为应在天然地基液化临界标贯击数的基础上进行折减。

2.3 地基抗液化措施研究现状

目前常用的砂土地基抗液化措施有置换、加密、上覆压重、围封、桩基础等，应根据具体工程实际情况选用。

1. 置换

若要从根本上解决土质条件，可将上部可液化土层挖除，并用非液化土置换。可液化土层的挖除情况视土层厚度而定：易液化土层厚度不大时，可全部挖除；易液化土层较厚时，从实际工程的角度考虑，只能部分挖除。土层的置换厚度应根据需置换软弱土的深度或下卧土层的承载力确定，并符合下式要求[29]：

$$p_z + p_{cz} \leqslant f_{az} \tag{2.1}$$

式中，p_z——相应于作用的标准组合时软弱下卧层顶面处的附加压力值；

p_{cz}——软弱下卧层顶面处土的自重压力值（kPa）；

f_{az}——软弱下卧层顶面处经深度修正后的地基承载力特征值（kPa）。

垫层底面处的附加压力值 p_z 可分别按下式计算：

条形基础

$$p_z = \frac{b(p_k - p_c)}{b + 2z\tan\theta} \tag{2.2}$$

矩形基础

$$p_z = \frac{bl(p_k - p_c)}{(b + 2z\tan\theta)(l + 2z\tan\theta)} \tag{2.3}$$

以上式中，b——矩形基础或条形基础底面的宽度（m）；

l——矩形基础底面的长度（m）；

p_k——相应于荷载效应标准组合时基础底面处的平均压力值（kPa）；

p_c——基础底面处土的自重压力值（kPa）；

z——基础底面至软弱下卧层顶面的距离（m）；

θ——地基压力扩散线与垂直线的夹角（°），可按表2.1选用。

表 2.1　地基压力扩散角 θ

E_{s1}/E_{s2}	z/b	
	0.25	0.5
3	6°	23°
5	10°	25°
10	20°	30°

注：1. E_{s1} 为上层土压缩模量；E_{s2} 为下层土压缩模量。

2. $z/b<0.25$ 时取 $\theta=0°$，必要时宜由试验确定；$z/b>0.50$ 时 θ 值不变；z/b 为 0.25~0.50 时可插值选用。

2. 加密

加密土体是一种广泛采用的地基处理方法[30]，是指通过一定措施增加土体密实度。常见的加密土体的措施有爆炸振密法、强夯法和振冲碎石桩法等。

(1) 爆炸振密法

爆炸振密法利用炸药爆炸时产生的剧烈振动作用促使地基土层中土颗粒重新排列、固结，从而提高土体密实度。该法施工迅速、原理简单，一般应用于土颗粒较粗的地基土体处理。对于细砂、粉细砂以及黏粒含量较高的砂土，其加固效果较差，特别是当地表覆盖有黏土层、冻土层及地基中含有排水不良的夹层时，这种方法不宜使用。

(2) 强夯法

重锤由高处落下产生一定的动能，落在砂土地基表面，可使其内部土体颗粒排列更加紧凑，从而增大砂土密实度，增强地基抗液化性能。强夯法的加固机理主要是动力密实作用和动力固结作用。该法施工方便、速度快、费用低，但对地基土体的渗透性有要求，当地基土含有较多的黏粒、渗透系数很小时不宜采用。

强夯法的有效加固深度应根据现场试夯或当地经验确定，当缺乏试验资料和经验时可按下式计算：

$$H = k\sqrt{\frac{Mh}{10}} \quad (2.4)$$

式中，H——有效加固深度（m）；

M——锤重（kN）；

h——落距（m）；

k——与土的性质和夯击方法有关的系数，一般取 0.4~0.8，夯击能大时取低值。

H 也可用表2.2预估。

表2.2 强夯法的有效加固深度（m）

单击夯击能/(kN·m)	碎石土、砂土等	粉土、黏性土、湿陷性黄土等
1000	5.0~6.0	4.0~5.0
2000	6.0~7.0	5.0~6.0
3000	7.0~8.0	6.0~7.0
4000	8.0~9.0	7.0~8.0
5000	9.0~9.5	8.0~8.5
6000	9.5~10.0	8.5~9.0
8000	10.0~10.5	9.0~9.5

强夯法施工时应符合下列规定[31]：

强夯夯锤质量可取 10~60t，其底面形式宜采用圆形或多边形，锤底面积宜按土的性质确定，锤底静接地压力值可取 25~80kPa，单击夯击能高时取大值，单击夯击能低时取小值，对于细颗粒土锤底静接地压力宜取较小值。锤的底面宜对称设置若干个与其顶面贯通的排气孔，孔径可取 300~400mm。

强夯法的施工应按下列步骤进行：

1）清理并平整施工场地。

2）标出第一遍夯点的位置，并测量场地高程。

3）起重机就位，夯锤置于夯点位置。

4）测量夯前锤顶高程。

5）将夯锤起吊到预定高度，开启脱钩装置，待夯锤脱钩自由下落后放下吊钩，测量锤顶高程。发现因坑底倾斜而造成夯锤歪斜时应及时将坑底整平。

6）重复步骤5），按设计规定的夯击次数及控制标准完成一个夯点的夯击。当夯坑过深出现提锤困难，又无明显隆起，且尚未达到控制标准时，宜将夯坑回填不超过1/2深度后继续夯击。

7）换夯点，重复步骤3）~6），完成第一遍全部夯点的夯击。

8）用推土机将夯坑填平，并测量场地高程。

9）在规定的间隔时间后按上述步骤逐次完成全部夯击遍数，最后用低能量满夯，将场地表层松土夯实，并测量夯后场地高程。

（3）振冲碎石桩法

碎石桩起源于 19 世纪中期的欧洲，是指先利用振冲机械在砂土地基中成孔，再将碎石、砾石或卵石等材料填入孔中并压实。与周围土体相比，碎石桩渗透系数大，在地震发生过程中可以起到降低动水压力的作用。在碎石桩施工过程中，由于碎石或砾石对周围土体具有挤密作用，土体密实度提高，从而提高了地基承载力。

振冲法桩体可用含泥量不大于 5% 的碎石、卵石、矿渣或其他性能稳定的硬质材料，不宜使用风化易碎的石料。常用的填料粒径为：30kW 振冲器，20~80mm；55kW 振冲器，30~100mm；75kW 振冲器，40~150mm。振动沉管法桩体可用碎石、卵石、角砾、圆砾、砾砂、粗砂、中砂或石屑等硬质材料，含泥量不得大于 5%，最大粒径不宜大于 50mm。

振冲挤密地基的施工应符合下列规定：

1）振冲施工可根据设计荷载的大小、原土强度的高低、设计桩长等条件选用不同功率的振冲器。施工前应在现场进行试验，以确定水压、振密电流和留振时间等各种施工参数。

2）升降振冲器的机械可用起重机、自行井架式施工平车或其他合适的设备。施工设备应配有电流、电压和留振时间自动信号仪表。

振冲施工可按下列步骤进行：

1）清理、平整施工场地，布置桩位。

2）施工机具就位，使振冲器对准桩位。

3）启动供水泵和振冲器，水压可用 200~600kPa，水量可用 200~400L/min，将振冲器徐徐沉入土中。造孔速度宜为 0.5~2.0m/min，直至达到设计深度。记录振冲器经过各深度时的水压、电流和留振时间。

4）造孔后边提升振冲器边冲水，直至孔口，再放至孔底，重复两三次，以扩大孔径并使孔内泥浆变稀，开始填料制桩。

5）大功率振冲器投料时可不提出孔口，小功率振冲器下料困难时可将振冲器提出孔口填料，每次填料厚度不宜大于 50cm。将振冲器沉入填料中振密制桩，当电流达到规定的密实电流值和规定的留振时间后将振冲器提升 30~50cm。

6）重复以上步骤，自下而上逐段制作桩体直至孔口，记录各段深度的填料量、最终电流值和留振时间，均应符合设计规定。

7）关闭振冲器和水泵。

3. 上覆压重

在易液化土层之上设置一定厚度的压重，可增加土层的初始有效应力，有效抑制下部土层的液化。这种压重可由非液化土层如黏土层组成。非液化土层的设置厚度要根据具体情况确定，厚度过小或过大都无法达到预期的效果。

4. 围封

在许多液化实例中，地基液化时除了表面土体发生竖向沉降之外，侧向变形也很大。在地基周围采取围封堵的措施，减小土体的侧向变形，称为围封。围封限制了地基土体四周的剪切变形。施工时可以采用地下连续墙、板桩等结构。采取该措施时，需要将围封结构贯穿整个可液化土层，否则在地震过程中围封结构自身会发生一定位移，无法约束周围土体。

5. 桩基础

在可液化地基土层中加入桩基础，可以增强地基土体抗液化的能力。在打入桩基础时，桩基础应穿过可液化土层，并有足够的长度伸入稳定的非液化土层或岩层中，以降低地基液化后桩基础的破坏程度。设置一定数量的桩基础，如排桩，可以有效增强地基承载力，减小在地震过程中土体的动力反应。

尽管桩基础可以抵抗液化，但是在地基液化情况下桩基础仍会因承载力不足而变形过大、折断破坏。例如，在1964年日本新潟地震中，因砂土地基液化诱发的地面侧向水平位移造成了桩基的破坏，从而引起上部结构的破坏。因此，对地基液化情况下桩基础抗震性能的研究很有必要。

2.4 碎石桩加固可液化地基研究现状

2.4.1 碎石桩的发展概况

目前地基加固的桩体形式主要有碎石桩、砂桩等，能够很好地提高地基承载力。

碎石桩法用于松散砂土地基的处理。1853 年，法国陆军工程师在修建兵工厂时使用了碎石桩这一当时十分罕见的新技术[32]。

1937 年，德国凯勒公司设计制造出一种可以挤密砂土地基的振冲机具，并对柏林当地一处建筑物的地基进行处理，加固深度高达 7.5m，土体相对密实度提高近一倍，地基承载力得到有效提高[33]。1944 年斯图门在美国用振冲法成功加固了安德斯坝。1948 年，美国工程师使用振冲法处理了安德斯大坝的松砂地基，有效提高了砂土坝基的密实度。从 1950 年开始，碎石桩法在美国得到了普遍推广，振冲法加密砂土地基的有效性和经济性越来越为人们所认可。

日本 1957 年引入振冲法，用它来加固油罐的松砂地基，以提高砂基的抗液化能力。日本十胜冲地区 1968 年发生了里氏 7.8 级地震，震害调查结果表明，经振冲法加固的砂基液化现象大为减弱，建筑物基本保持完好，而未经处理的砂基上的建筑物则受到严重破坏。从此，振冲法作为砂土地基抗震防液化的有效处理措施被广泛运用。

我国应用振冲法加固可液化地基始于 20 世纪 70 年代。1983 年，北京勘测设计院振冲公司仅用 28 天就成功地处理了官厅水库大坝下游 2300 m^2 的可液化砂层。1985 年四川省铜街子水电站工地应用振冲法穿过厚度达 8m 的漂卵石层对下部的细砂层进行加固，取得了明显的效果。

2.4.2 碎石桩加固可液化地基的机理研究

研究表明，碎石桩加固可液化地基的机理主要表现在加密、排水和减震三个方面。其中，碎石桩的挤密作用可以使土体的密实度提高，从而减小地震过程中周围土体的动力反应；碎石桩的排水作用是通过提供排水通道实现的，在地震动力荷载下，由于碎石桩的存在，超孔隙水压力得以很快消散，地基土体有效应力增加，地基承载力提高；碎石桩的减震作用是指桩体材料（碎石、砾石或卵石）的变形模量比周围土体大，能够分担较大比例的地震水平剪力，从而提高地基整体抗震性能。

1. 加密作用

饱和松砂地基在地震作用下容易发生液化，是因为砂土密实度较小，砂土中的超孔隙水压力会急剧增长,当增加到一定数值以后,土体有效应力完全消失,土颗粒发生漂浮、流动,宏观表现为喷水冒砂,地面发生较大侧移。而碎石桩在成桩过程中对周围土体具有挤密作用,使土颗粒排列相对比较紧凑,密实度得到提高,地基抗液化能力比天然地基大幅度提高[34]。

刘松玉等[35-38]基于沉管挤密碎石桩成桩过程中使用的激振器和沉桩管,研究得出桩体对周围土体的加密效应分为振密作用和挤密作用。在激振器振动过程中,易液化地基土体中孔隙水压力上升,土颗粒重新排列,趋于更加密实。施工过程中沉桩管会横向挤压周围土体,使周围土体密实度提高。

高彦斌等[39]以某高速公路试验路段为工程实例背景,提出了影响碎石桩挤密效果的六大因素,包括土层的均匀性、振动挤密、地基土黏粒含量、地基的初始密实度、碎石桩的置换率和埋深。

2. 排水减压作用

碎石桩材料以排水性良好的碎石居多,一方面碎石桩将周围土体挤密,另一方面为地震过程中的水提供渗流通道,有效抑制孔隙水压力的增长,加速超孔隙水压力的消散,对地基抵抗液化的性能有极大的改善。

Seed 和 Booker[40]主要研究了碎石桩半径和桩间有效距离对碎石桩排水效应的制约和影响,并设计了不同碎石桩半径与桩间有效距离比值情况下的大型振动台试验,结果发现,当碎石桩半径与桩间有效距离比值为 0.25 时,饱和砂土地基不会发生液化现象。

王士凤等[41]通过砂箱振动模型试验研究了碎石桩加固可液化地基的排水效果,并将建筑物-地基体系简化为平面应变问题。结果表明,在试验过程中不考虑碎石桩的挤密作用,碎石桩的排水效果依然存在,仍可以抑制土体孔隙水压力的增长,从而提升土体的抗液化性能。

徐志英[42]研究了地震过程中碎石桩的排水方向,研究表明地震期间砂土地基有径向碎石桩排水和竖向排水两种路径,有些情况下竖向排水起的作用更大。合理的计算应当同时考虑竖向排水和径向排水,他由此推导了考虑地震期间设置砾石排水砂层的孔隙水压力产生、扩散和消散的竖向和径向同时排水的控制方程,并给出了解析解。

3. 减震作用

由于碎石桩体材料多为卵石、碎石或砾石等，与周围土体相比刚度较大，在挤密周围土体之后碎石桩复合地基的初始应力发生变化，应力重新分布。在地震过程中，碎石桩可以承担较大部分的剪应力，桩间土体的变形和位移就会减小，这就是碎石桩的减震作用。

Baez[43]最早开始了碎石桩复合地基中剪应力的研究，他认为地基中加入碎石桩以后，由于碎石桩和周围土体在刚度、强度上存在差异，在地震发生过程中地震剪应力将更多地分配在刚度较大的碎石桩上，而周围土体分担的剪应力较少。

Adalier[44]借助离心试验的模拟研究了碎石桩减震作用对地基的沉降、加速度和孔隙水压力的影响，通过试验数据发现碎石桩地基整体刚度变大，沉降减小，孔隙水压力积累变缓。

2.5 液化场地桩基抗震性能研究现状

桩基础被广泛应用于高层建筑、桥梁、高铁等工程中，可以有效抵抗软弱地基，但国内外许多震后灾害调查表明，由地基液化引起的桥梁和港口码头的桩基础破坏尤为显著，这引起了国内外学者的广泛关注[45]。例如，1995年阪神地震发生时，由于地基土体液化，大量建筑物桩基和桥墩发生倾斜或倒塌。

2.5.1 液化场地桩基破坏机理研究

桩基的破坏失效一般发生在震级较大的情况下。调查发现，地基土体液化时侧向流动是桩基础破坏的主要原因之一[46,47]。

例如，在国外，阪神地震与哥斯达黎加地震中都是由于砂土液化诱发地面侧向水平位移造成桩基础的破坏，从而引起上部结构的破坏；在国内，海城和唐山大地震中，三岔河桥和胜利桥由于地基液化遭到破坏。

刘惠珊[48]基于日本阪神地震震害调查的总结分析指出侧向流动地基桩基础的震害比较严重，无侧向流动液化地基中桩基础的震害程度比前者减轻。

张克绪和谢君斐等[49]基于日本宫城县地震、唐山地震和海城地震震害调查提出在地震过程中桩基础内部应力分为两部分，即由上部结构传递的地震惯性力和由地基土体液化变形施加在桩身的动应力。地震发生初期，土体无侧移时，桩身承担振动产生的应力。随着地震作用不断加大，土体发生侧向位移，桩体同时承担振动引起的附加动应力和土体侧向位移引起的附加静应力。

张建民[50]基于日本新潟地震现场调查资料的分析提出可液化水平地基中桩水平位移的大小和方向主要受已液化土层侧向变形的大小和方向控制，并将可液化地基桩基础的地震响应分成液化前震动、液化后震动和震后残余变形三个阶段，为桩基础的抗震设计提供参考。

国外有关液化场地桩基破坏机理的研究以 Ishihara 和 Tokimatsu 最具代表性。Ishihara[51]就液化场地桩基破坏机理提出了"上下效应"的论断。文献中认为，在地震发生初期，上部结构的惯性力由桩基上部开始传递，最终到达土体。在地震过程中，桩土相对位移较小的原因是砂土并未发生大面积液化。假定场地运动足够剧烈，则会导致桩基弯矩超出极限值，从而发生失效。由于荷载是由上部结构的惯性力传递到土体的，可以称为"上下效应"。地震中观察到的桩基上部结构震害实际是由这一原因引起的。如果地震动峰值较大，上部结构的惯性力很大，桩基的最大弯矩有可能出现在桩头附近；反之，如果地震动峰值较小，则上部结构的惯性力较小，桩基的最大弯矩就可能发生在桩身某一深度处或更低的位置。

Tokimatsu[52-54]的研究也证明了桩基的破坏是由于地面侧向位移过大造成的。Tokimatsu 等[55]认为液化场地桩土相互作用分为三个阶段：在第一阶段，孔隙水压力积累前，上部结构产生的惯性力占主导；在第二阶段，随着孔隙水压力增加，液化土层的侧向运动开始发生；在第三阶段，振动结束时，地基的永久侧向位移占据主导地位，对桩基的承载性能影响很大。Tokimatsu 认为，液化或侧向扩展土中土压力的分布随着桩基刚度及土-桩系统刚度的变化而改变。在较为坚硬的土体或刚度更大的土-桩体系中，会产生更大的土压力及拖曳力。

Tamura[56]等设计了土-群桩相互作用的大型振动台试验，研究桩基础和周围土体的相互作用及桩基础的失效机理。研究发现，桩基的失效机理分为桩头产生裂缝（液化前）、桩头中的钢筋发生屈服（局部液化）、桩身混凝土被压碎（浅层土完全液化）、桩基变形集中在失效区域（土层完全液化）四个阶段。

2.5.2 液化场地桩基抗震性能试验研究

为了研究和分析地震诱发的地基液化情况下的桩基础动力反应和地基液化指标，国内外学者常用振动台试验这一手段[57]。振动台试验的优势是可以比较接近实际地模拟地震过程，能够克服小尺寸单剪试验中可能出现的应力集中、不均匀应力状态等问题，为探究地震过程中结构的抗震性能和破坏机理提供了有效途径。

日本是一个地震多发的国家，对地震过程中桩基破坏机理的研究也十分全面。日本学者对液化情况下桩基破坏机理的认识是从地基液化后土体的大变形问题开始的。改变不同试验条件，如可液化土层的相对密实度、液化土层的厚度、地表的倾斜角度等，进行振动台试验。研究发现，在地震加载过程中，可液化土层（砂土）与其上部非液化土层之间没有发生错动，砂土层和下部非液化土层之间亦是如此；整个液化土层中的大变形是均匀分布的，不是沿着某一个滑动面发生，而是以一种常应变的形式存在，近似余弦分布。这种大变形是一种协调的位移，沿土层深度没有突变，在可液化土层中顶部位移最大，底部最小。两部分非液化土层分别位于可液化土层的上部和下部，二者变形一致。这些试验现象与实测结果和有限元数值分析结果一致。

在研究地震作用下液化场地地面大变形的基础上人们开始对可液化地基中桩基础的破坏形式、破坏机理进行振动台试验研究。桩基础的破坏和桩基内部的应力状态密不可分，为此 Yao 等[58]研究了地震过程中桩基的应力反应。通过分析干砂和液化砂土中桩基的振动台试验结果发现，地震中产生的惯性力和运动力对桩基的影响与上部结构和场地的自然周期有较大关系：当下部地基土体的自然周期比上部结构的小时，桩基础应力的增长会由于地基场地的位移与上部结构的惯性力处于不同相位而受到抑制；当下部地基土体的自然周期比上部结构的大时，因地基场地的位移与上部结构的惯性力处于相同相位，桩基剪应力会增加。

Chau 等[59]在土-桩结构相互作用振动台试验中施加了两种地震波，分别为正弦波和 El-Centro 波，研究发现，土体与桩基之间在地震加载过程中出现裂隙，导致桩基和土体的明显碰撞。此外，有关学者还研究了倾斜场地桩-土动力反应，如 Chang 等[60]基于振动台试验研究了倾斜场地桩-土体系非线性动力特性，重点分析可液化土体的侧扩、刚度降低问题，认为桩-土体系的软化是由于土体有效剪切模量的改变，而有效剪切模量的改变是由于地震过程中地基土体刚度变化导致的周期改变。

国内有关学者对液化情况下桩基破坏机理的研究也很多。黄春霞等利用简易单向专用振动台和大型叠层剪切变形模型箱完成了三次基于饱和砂土地基模型的振动台试验，得到了饱和砂土地基液化规律及振动加密对其抗液化能力的影响，为后续碎石桩复合地基振动台试验提供了必要的技术经验。

杨润林等[61]利用振动台试验分析了地震激励下冻土、可液化砂土与钢管桩三者之间的相互作用，分析了冻土层覆盖下砂土的液化情况和桩基的动力反应。分析试验结果发现，地基土体没有发生液化时，由于冻土层可以约束桩基的侧向位移，钢管桩的侧向变形减小，其承载力得以提高；当地基土体出现液化时，冻土层会加剧地基液化的趋势，钢管桩基的承载性能随之下降。

赵如意[62]对振动台试验常用的三种模型箱，即刚性模型箱、圆筒型柔性模型箱和堆叠式剪切模型箱的优缺点进行对比分析，总结出在不同试验目的和要求下模型箱的材料、尺寸和结构方面的要求，并自主研制了堆叠式剪切变形模型箱，以适应不同试验的需求。

凌贤长等[63-65]为再现自然地震触发地基砂土液化的各种主要宏观震害现象设计了不同场地条件情况、单桩群桩情况和高低承台情况下可液化场地土-桩-结构地震相互作用振动台试验，对大型振动台模型试验的相似设计、操作技术及试验结果等方面的若干关键科学问题进行了系统的研究。

袁晓铭等[66]在非液化和液化土层中桩基础宏观震害现象调查的基础上设计了液化场地桩基动力响应振动台试验，探讨了场地横向往返运动下液化土层中桩基的动力响应，发现土层中桩土相互作用力随土层的液化进程明显增大，其最大反应不是在土层加速度峰值出现的时刻，而是出现在桩土相对位移和土层位移达到最大的时刻，非液化干砂土层中上部结构的惯性力控制着桩头加速度和桩身弯矩的反应形态，桩头加速度和桩身弯矩动力响应过程基本与土层加速度时程一致。

李雨润等[67]在大型桩-土-承台振动台试验的基础上通过改变可液化砂土层的密度施加幅值相等的地震波，同时为克服现有方法中桩土小相对位移情况下计算出的承载力很快趋于极限的缺陷，采用双参数修正模型，提出可液化土层中桩基动力 p-y 曲线双参数修正方法及修正计算公式，发现与可液化土层中桩基实际横向动力反应机理相符，结果表明提出的修正公式与试验结果较为符合。

王凯等[68]针对桩-土-结构动力相互作用模型设计了液化场地和非液化场地两种情况下的振动台试验，对试验过程中的孔隙水压力、土体及上部结构的动力反应、桩的应变等进行了研究和分析，结果表明：液化地基使承台在震后有明显的不均匀沉降，上部结构位移幅值显著增大，孔隙水压力随着地震波的增大而上升，结构的破坏与地震的波形有关，土体液化是桩基破坏的主要原因之一，液化土层也具有一定的减振隔震作用。

2.6 当前研究的不足

由于土体的有效应力实质反映的是土体骨架颗粒之间的接触压力，当有效应力趋近于零时，意味着土体颗粒之间逐渐脱离接触，直至悬浮于液态水中，表现出流体一类的变形特征。物质在固体状态下具有抗剪强度，而在液体状态下不具有抗剪强度。地基土体一旦有液化趋势或液化，就会部分或者完全丧失承载力，无法承受上部结构传来的荷载，风险极大。因此，对地基土体进行液化性能鉴定是非常重要的。

依据规范，目前地基液化的评判方法主要分为两类，即初判和细判。初判主要结合土的地质条件、颗粒参数、地下水位和地基埋深条件等进行判定，在分析认为有可能发生液化的基础上进一步细判。细判主要采取现场标准贯入试验（SPT）进行，并借用液化指数评估地基的液化程度。从实际工程应用来看，常规的地基液化评判方法通过记录标准贯入试验（SPT）的锤击数，然后引入液化指数评定液化等级。虽然该方法简单易懂，但是液化指数的计算以孔为单位，评定不够细化，而且无法进行地基液化性能的三维空间差异性分析，继而难以评估地基不同方位的沉降或侧移发展趋势，对于后续地基处理的参考价值有限。

地基基础常规的抗液化措施通常以碎石桩最为典型。一般认为，通过碎石桩的挤密效应来加固土体，可显著提高土体的有效应力，可能发生液化时则需要在土体中产生更高的孔隙水压力。如果土体挤密到一定程度，就可以消除液化的影响。但是如果碎石桩的颗粒间隙没有发生完全堵塞，碎石桩的排水能力对地基的液化性能也有明显的影响。如果在地震过程中碎石桩这一排水渠道始终保持畅通，地基中的液态水就可以源源不断排出，明显抑制土体中孔隙水压力的积累。即使地基土体的密实度有限，只要土体具有很好的排水性能，在地震作用下仍可保证地基不发生液化。因此，研究在地震过程中碎石桩实际的排水效应仍很有意义，而目前相关研究较少。

在此基础上，可以考虑研发新的地基抗液化加固措施，为既有建筑地基的抗液化加固提供一条新的技术途径。

第3章 本书涉及的关键技术问题

3.1 地基液化性能鉴定新技术

如前所述,传统规范给出的液化指数法无法针对地基进行三维液化差异性分析,仅给出了场地液化程度的一种整体性评价,对于液化地基的加固处理给出的是一种宏观指导,而在局部细节上则有所不足。因此,本书依托的研究工作希冀提出一种可用于地基液化性能评估的多维空间分析方法,以解决上述问题。要求这种方法实现下述要求:一方面,可以将地基液化性能的评定计算由孔细化到测点;另一方面,可以沿地基任意方位作剖切面,不限于水平或铅垂面,均可进行地基液化性能的三维空间差异性分析。

3.2 地基基础抗液化加固新技术

本书在对碎石桩加固液化土地基进行数值计算和试验分析的基础上,将研究新型地基基础抗液化加固体系,并进行试验验证。相较于碎石桩,研究的新型抗液化加固体系应能分别针对地基和基础取得令人满意的防护效果。

为此,试验包括两个系列共六个振动台子试验,以研究验证孔眼式钢管桩群体系的有效性,即纯地基条件下地基抗液化性能试验、碎石桩地基条件下地基抗液化性能试验、孔眼式钢管桩地基条件下地基抗液化性能试验以及纯地基条件下桩基础抗液化性能试验、碎石桩加固地基条件下桩基础抗液化性能试验、孔眼式钢管桩加固地基条件下桩基础抗液化性能试验。然后,通过对比分析地基土体中有效应力、孔隙水压力及桩基变形的基本规律,评判新体系的实际效果。这样一种新型的体系本身是具有挑战性的。

第二篇

地基基础抗液化加固数值模拟

第4章　采用碎石桩加固的地基抗液化性能

在地震发生的过程中，地基基础受到严重的损害，地基承载力下降较为明显。人们对地基的抗液化处理进行了大量研究，认为碎石桩是目前可取的一种改善地基土体抗震性能的方式，但目前对于碎石桩提高地基基础抗震性能的研究主要偏重于利用挤密效应增加土体有效应力来消除液化，而较少考虑利用碎石桩的排水效应抑制液化。显而易见，排水能力对于研究地基液化性能也是非常关键的，至少在碎石桩颗粒间隙未堵塞前是这样。因此，本章拟研究模拟碎石桩对改善地基抗液化性能有何种程度的影响。

4.1　计算参数

4.1.1　模型尺寸及参数

建立纯地基模型Ⅰ和排水模型Ⅱ，如图4.1和图4.2所示，模型纵向和横向尺寸均为18m。图4.2所示的排水模型为在地基土中加入四根碎石桩，碎石桩

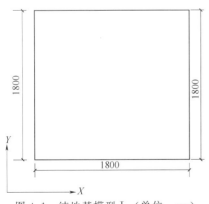
图4.1　纯地基模型Ⅰ（单位：cm）

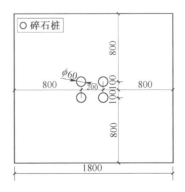
图4.2　排水模型Ⅱ（单位：cm）

桩径为0.6m，间距为2m。图4.3为地基土体剖面模型，自上而下分别为1m厚的非液化黏土层、8m厚的可液化砂土层、1m厚的非液化黏土层。

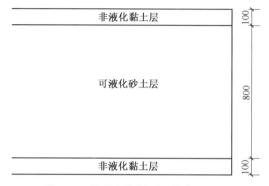

图 4.3 地基土体剖面（单位：cm）

根据碎石桩、土体等材料的受力变形特点，非液化黏土层和碎石桩采用Mohr-Coulomb模型，中间土层采用Finn模型。具体土层和碎石桩材料参数参见表4.1。

表 4.1 材料参数

土层和碎石桩	高度/m	干密度/(kg/m³)	黏聚力/kPa	摩擦角/(°)	体积模量/MPa	剪切模量/MPa	孔隙率	渗透系数/(cm/s)
非液化黏土层	1	1300	10	25	29.40	11.28	0.60	1.00e-7
可液化砂土层	8	1400	0	30	39.21	15.04	0.45	6.00e-4
非液化黏土层	1	1300	10	25	29.40	11.28	0.60	1.00e-7
碎石桩	10	2100	0	35	227.4	75.8	0.33	5.00e-3

4.1.2 地震波输入

选择典型的1940年在美国El-Centro地区发生的地震所产生的地震波作为模型水平方向的波，沿着图4.1中X方向输入，其加速度为0.34g，持续时间为20s。图4.4所示为地震波的加速度时程曲线。

4.1.3 监测点布置

为了便于分析碎石桩提高地基基础抗震性能的效果，选取地基基础土体中

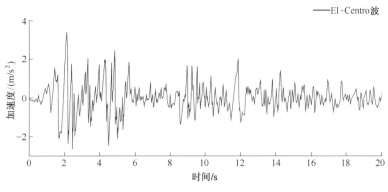

图 4.4 加速度时程曲线

水平位置相同（在地基基础土体的中央位置）、高度不同的 A、B、C、D 四个关键点作为监测点进行对比分析，其中监测点 A 在土体中的深度最深，B、C 次之，监测点 D 在地基基础土体的上部。四个点的坐标见表 4.2，在土体中的位置如图 4.5 和图 4.6 所示。

表 4.2 监测点坐标

监测点	坐标值/m	监测点	坐标值/m
A	(9, 9, 1)	C	(9, 9, 6)
B	(9, 9, 3.5)	D	(9, 9, 9)

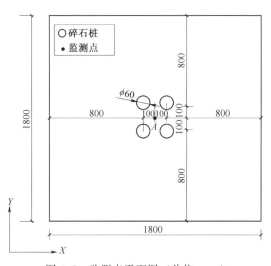

图 4.5 监测点平面图（单位：cm）

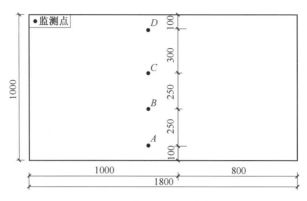

图 4.6 监测点剖面图（单位：cm）

4.2 模拟结果分析

4.2.1 静力分析

在动力计算之前先对地基土体的竖向应力和孔隙水压力等参数进行静力计算。地基基础土体在重力作用下达到平衡状态，可计算得出竖向应力和孔隙水压力等参数。其中，竖向地应力分布如图 4.7 和图 4.8 所示，初始孔隙水压力分布如图 4.9 和图 4.10 所示。设上部黏土层、中部砂土层、下部黏土层的饱和密度分别为 ρ_{sa}、ρ_{sb}、ρ_{sc}，则地基基础土体底部初始竖向地应力的理论值为

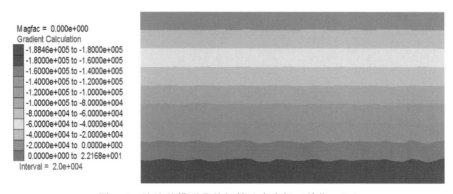

图 4.7 纯地基模型 Ⅰ 的初始地应力场（单位：Pa）

图 4.8　排水模型 Ⅱ 的初始地应力场（单位：Pa）

$$\rho_{sa} = \rho_d + ns\rho_f = 1300 + 0.60 \times 1 \times 1000 = 1900(kg/m)$$

$$\rho_{sb} = \rho_d + ns\rho_f = 1400 + 0.45 \times 1 \times 1000 = 1850(kg/m)$$

$$\rho_{sc} = \rho_d + ns\rho_f = 1300 + 0.60 \times 1 \times 1000 = 1900(kg/m)$$

以上式中，ρ_d——土体的干密度；

ρ_f——流体的密度；

n——孔隙率；

s——饱和度。

初始竖向地应力为 $(1900 \times 1.0 + 1850 \times 8.0 + 1900 \times 1.0) \times 10 = 186$ (kPa)，为地基基础土体底部初始竖向地应力的理论值，而用模拟软件计算的结果是 188kPa，可知 FLAC 3D 中计算的竖向地应力值和理论值在误差许可范围内，可以认为二者是相等的，说明 FLAC 3D 中计算的模拟结果是正确的。

1. 竖向应力

在水平方向同一高度处竖向应力基本相同，而在竖直方向竖向应力则随着深度的增加而增大，最终在底部应力值达到最大。而在图 4.8 中排水模型 Ⅱ 的竖向应力也是满足上述规律的，但由于碎石桩的存在，地基土的竖向应力分级不明显，而且地基土的竖向应力比碎石桩小，说明在静力过程中碎石桩能够分担地基土体自重带来的荷载，增强地基土体的承载力，提高地基强度。

2. 孔隙水压力

图 4.9 和图 4.10 所示为纯地基模型 Ⅰ 和排水模型 Ⅱ 的初始孔隙水压力云图。

总体上两个模型中孔隙水压力的大小与地基基础土体所处的深度成正比,最终在其底部达到最大。同时可以看出,排水模型Ⅱ的孔隙水压力明显小于纯地基模型Ⅰ,说明碎石桩起到了一定的排水作用。

图 4.9　纯地基模型Ⅰ的初始孔隙水压力云图（单位：Pa）

图 4.10　排水模型Ⅱ的初始孔隙水压力云图（单位：Pa）

3. 小结

首先对纯地基模型Ⅰ和排水模型Ⅱ达到静力平衡后的初始竖向应力和初始孔隙水压力进行比较,可知在重力作用下两个参数均与地基土体所在位置的深度成正比,在地基基础的底部达到高峰。同时由孔隙水压力云图可知,加固后的地基土体孔隙水压力和竖向地应力小于未加入碎石桩的。

4.2.2　动力分析

在地震过程中,地震波在模型的周边会有一定的反射,为此在动力计算过程中模型采用自由场边界。此举是为了很好地模拟自由场与模型之间的耦合作用，使模型更符合实际，结果更合理。图 4.11 所示为采用自由场边界后的模型网格与自由场网格。

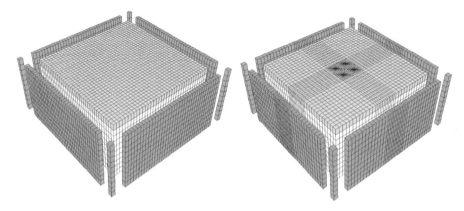

图 4.11　施加自由场边界的模型网格

模型的阻尼选择较为常见的局部阻尼，计算过程中涉及的土层阻尼系数见表 4.3。

表 4.3　土层阻尼系数

土层	临界阻尼比 D	局部阻尼系数 α_L
非液化黏土层	10%	0.314
可液化砂土层	15%	0.417
非液化黏土层	10%	0.314

1. 孔隙水压力

孔隙水压力是地基土体或岩石中地下水的压力，该压力存在于颗粒或其孔隙之间。孔隙水压力可以描绘出在地震过程中地基基础土体中水的流动情况，为此首先对该参数进行分析。

图 4.12～图 4.16 所示为纯地基模型 I 在地震发生 1s、2s、3s、7s 和地震结束时沿模型 X 方向截面的孔隙水压力云图。由图可以直观地看出，在地震发生初期，由于地震波的幅值较小，对地基土体影响不大，并未造成大幅度水压力的上升，只有很小的一部分如中下部土体水压力上升。在地震波输入达到 2s 时，由于地震波加速度记录已经达到峰值，中下部土体的孔隙水压力显著大范围上升，

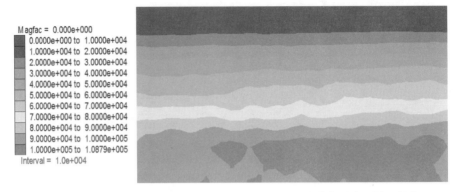

图 4.12　纯地基模型Ⅰ在地震发生 1s 时沿 X 方向截面的孔隙水压力云图（单位：Pa）

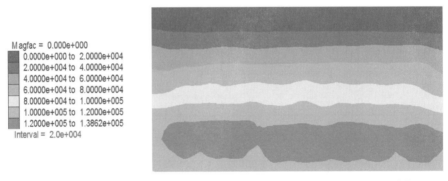

图 4.13　纯地基模型Ⅰ在地震发生 2s 时沿 X 方向截面的孔隙水压力云图（单位：Pa）

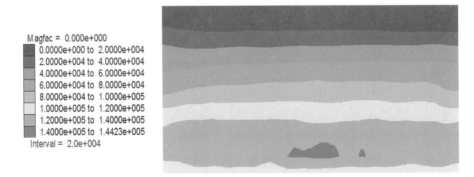

图 4.14　纯地基模型Ⅰ在地震发生 3s 时沿 X 方向截面的孔隙水压力云图（单位：Pa）

图 4.15 纯地基模型Ⅰ在地震发生 7s 时沿 X 方向截面的孔隙水压力云图（单位：Pa）

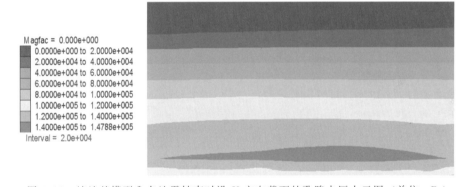

图 4.16 纯地基模型Ⅰ在地震结束时沿 X 方向截面的孔隙水压力云图（单位：Pa）

在云图中最大值（深色部分）已经充满地基土体的中下部。在地基土的中下层，由于水在地震过程中不能及时排出去，造成水的积存，导致地基基础土体中下部水压力不断上升，大大削弱了土体的承载力和强度，因此对地基土的加固十分必要。

在地震波输入达到 3s 时，由于地震波较之前稍微变缓，整个地基土体的水压力略有下降，可发现中下部土体变化较明显，云图中深色的土体已经很少。由此可知，在地震波作用下地基土体的中下部分对于地震波幅值的变化较为敏感，地震波对其影响较大。

随着地震波继续输入，由于地震波幅值较之前变小，地基土体的孔隙水压力基本维持在稳定水平。

总体上地基土体中的孔隙水压力与土体所在位置的深度成正比，地基土体底部的孔隙水压力最大。在水平位置，土体的孔隙水压力大体相同，说明其液化特性在水平方向上相同。

图 4.17～图 4.21 所示为纯地基模型 I 在地震发生 1s、2s、3s、7s 和地震结束时沿着 Y 方向截面的孔隙水压力云图。可以看出，Y 方向截面的孔隙水压力和 X 方向相比，总体的现象大致相同，X 和 Y 方向截面的孔隙水压力值基本相等。因此可以得出，天然地基土体的不同截面在地震波作用下的孔隙水压力基本相同。

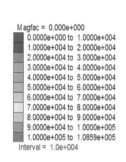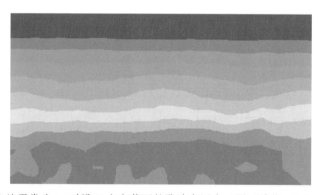

图 4.17　纯地基模型 I 在地震发生 1s 时沿 Y 方向截面的孔隙水压力云图（单位：Pa）

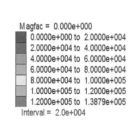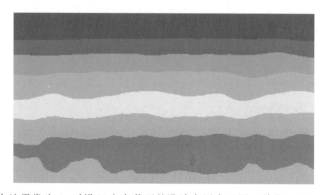

图 4.18　纯地基模型 I 在地震发生 2s 时沿 Y 方向截面的孔隙水压力云图（单位：Pa）

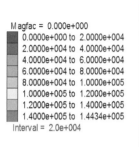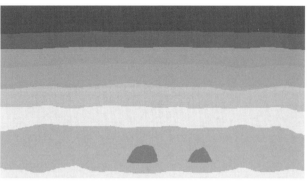

图 4.19　纯地基模型Ⅰ在地震发生 3s 时沿 Y 方向截面的孔隙水压力云图（单位：Pa）

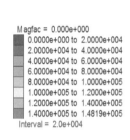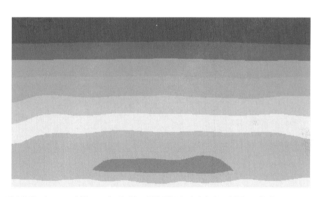

图 4.20　纯地基模型Ⅰ在地震发生 7s 时沿 Y 方向截面的孔隙水压力云图（单位：Pa）

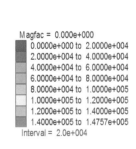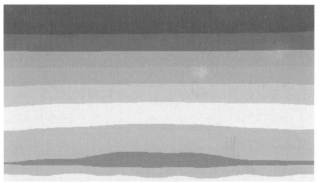

图 4.21　纯地基模型Ⅰ在地震结束时沿 Y 方向截面的孔隙水压力云图（单位：Pa）

图 4.22～图 4.26 所示为排水模型Ⅱ在地震发生 1s、2s、3s、7s 和地震结束时沿

X方向截面的孔隙水压力云图。通过对比发现，由于碎石桩的存在，排水模型Ⅱ的孔隙水压力总体上小于纯地基模型Ⅰ，因为碎石桩提供了便捷的排水通道，使地基中的水在地震过程中能够很快排出去，抑制了水压力的积存，地基基础土体的强度较之前得到提高。

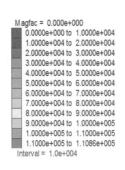
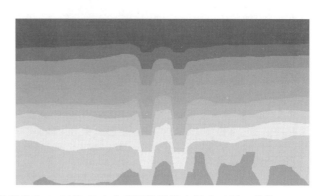

图 4.22　排水模型Ⅱ在地震发生 1s 时沿 X 方向截面的孔隙水压力云图（单位：Pa）

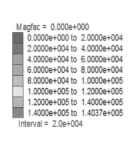
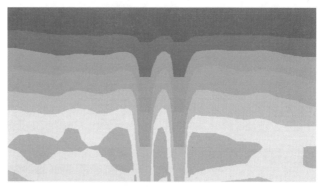

图 4.23　排水模型Ⅱ在地震发生 2s 时沿 X 方向截面的孔隙水压力云图（单位：Pa）

由图 4.22～图 4.26 可以看出，在地震开始 0～1s 时，碎石桩所处位置的中下部分孔隙水压力相对较小，但随着地震的进行，中下部分的孔隙水压力慢慢增大，说明在地震过程中碎石桩周边土体中的水向碎石桩的中下部流动，导致其孔隙水压力上升。

地基土中集聚的水流向碎石桩所在的位置，碎石桩周围形成了一个凹坑形状的排水通道，在地震过程中土体中大部分的水都通过排水通道流出，大大降低了地基土体中的孔隙水压力，土体的强度得到了较大程度的增强。

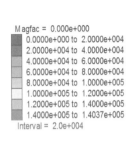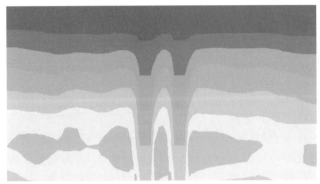

图 4.24 排水模型 II 在地震发生 3s 时沿 X 方向截面的孔隙水压力云图（单位：Pa）

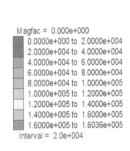

图 4.25 排水模型 II 在地震发生 7s 时沿 X 方向截面的孔隙水压力云图（单位：Pa）

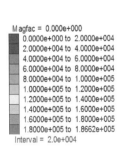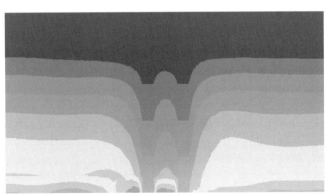

图 4.26 排水模型 II 在地震结束时沿 X 方向截面的孔隙水压力云图（单位：Pa）

随着地震波振动强度的增大,地基下部土体中的孔隙水压力是逐渐增大的。分析土的剖面可以发现:沿深度方向底部孔隙水压力一般大于上部;在同一深度处,碎石桩内的孔隙水压力小于周围土体的孔隙水压力;在同一深度处,距离碎石桩越近,土体的孔隙水压力越小。这说明,沿水平方向地基土体中的孔隙水压力是随着距碎石桩距离的增加而增大的。

图 4.27~图 4.31 所示为排水模型 II 在地震发生 1s、2s、3s、7s 和地震结束时沿着 Y 方向截面的孔隙水压力云图。通过对比发现,在地震开始初期,沿 Y 方向截面地基土体的孔隙水压力大于沿 X 方向截面,说明地基土体 X 方向截面受到地震波的影响较 Y 方向截面大,其孔隙水压力的积累效用强。随着地震波继续输入,由于碎石桩的存在以及地震波幅值的变化,两者的差距越来越小,说明碎石桩对减小土体两向的孔隙水压力效果显著。

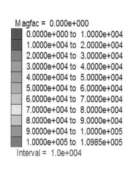
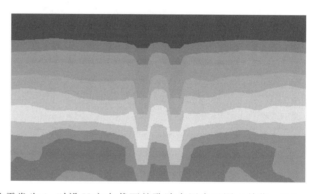

图 4.27　排水模型 II 在地震发生 1s 时沿 Y 方向截面的孔隙水压力云图（单位：Pa）

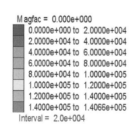
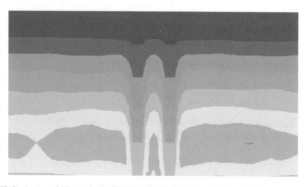

图 4.28　排水模型 II 在地震发生 2s 时沿 Y 方向截面的孔隙水压力云图（单位：Pa）

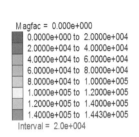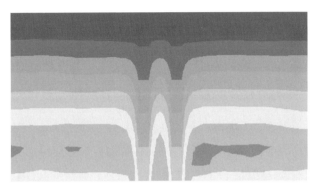

图 4.29　排水模型 II 在地震发生 3s 时沿 Y 方向截面的孔隙水压力云图（单位：Pa）

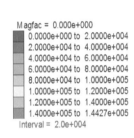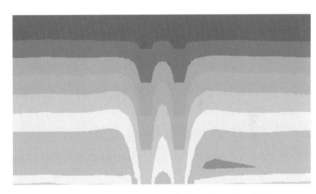

图 4.30　排水模型 II 在地震发生 7s 时沿 Y 方向截面的孔隙水压力云图（单位：Pa）

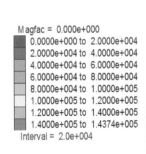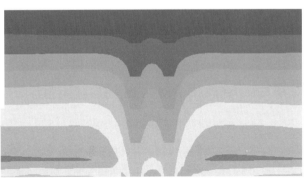

图 4.31　排水模型 II 在地震结束时沿 Y 方向截面的孔隙水压力云图（单位：Pa）

同时可以发现，在地震开始初期，两个碎石桩中央的地基土体和其他相对位置土体的孔隙水压力相同，但随着地震的进行，中央土体孔隙水压力的值远远小于其他相对位置土体，而且两者差距越来越大。这种情况在纯地基模型Ⅰ中并未发现，由此凸显了碎石桩在排水减压方面的贡献。

2. 超孔隙水压力

某深度处的瞬时超孔隙水压力等于该位置处的瞬时孔隙水压力减去初始静孔隙水压力，因此土力学中经常用超孔隙水压力的大小表明孔隙水在地基基础土体中的流动情况。

图 4.32 和图 4.33 所示为纯地基模型Ⅰ和排水模型Ⅱ中地基土不同深度位置的超孔隙水压力时程，其中监测点 A、B、C、D 均位于 XOY 平面上，而在 Z 轴上处于不同位置，A 点深度最深，B、C 两点次之，D 点深度最浅。由图 4.32 可以看出，未设排水桩的纯地基模型Ⅰ中的超孔隙水压力在地震发生 2～3s 时急剧上升到达最高点，随后伴着地震的继续进行，其超孔隙水压力的值在最高点位置上下变化，最终到达相对平衡的状态。在时程图中可以看出，四个点的超孔隙水压力达到最高点所在位置的时间几乎是相同的，但其值的大小完全不同。深度最深的 A 点超孔隙水压力最大，稳定后达到 58kPa；而最浅的 D 点超孔隙水压力稳定后趋近于 0，说明地基土中的水相对很少；其余两点稳定后分别达到了 45kPa 和 14kPa。

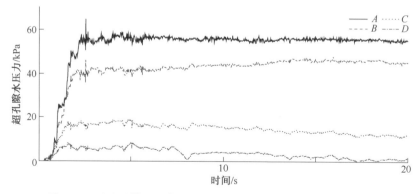

图 4.32 纯地基模型Ⅰ中不同深度地基土的超孔隙水压力时程图

由此可见，地基土中的超孔水压力的大小与土体所处的深度成正比，与前

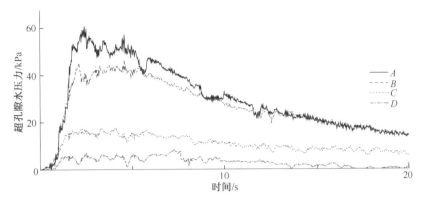

图 4.33 排水模型Ⅱ中不同深度地基土的超孔隙水压力时程图

文的孔隙水压力云图相对应。

排水模型Ⅱ中四个点的超孔隙水压力在地震发生 2~3s 时达到最高值，A 点的值最大，其次为 B、C 两点，D 点的值最小。随着地震的进行，土体的超孔隙水压力急剧减小直至地震结束，说明碎石桩起到了很好的排水作用，降低了地基基础土体的超孔隙水压力。地震结束时 A 点和 B 点的超孔隙水压力接近，C 点较小，D 点最小。

图 4.34~图 4.37 所示为监测点 A、B、C、D 在纯地基模型Ⅰ和排水模型Ⅱ中的超孔隙水压力时程。对于点 A，在地震开始 2s（地震波达到峰值）时两个模型中的超孔隙水压力迅速增长到达最高点 58kPa，随后未加固模型Ⅰ中的水

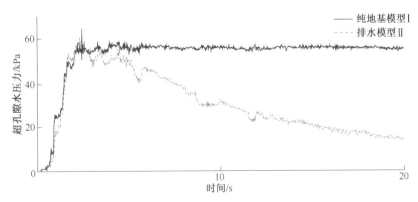

图 4.34 监测点 A 的超孔隙水压力时程图

压力随着地震的继续进行而在峰值上下波动,直至地震结束。而在排水模型Ⅱ中,2s 之后,由于碎石桩的存在,A 点的超孔隙水压力下降较迅猛,达到 15kPa,减少了 74%,碎石桩的排水效应凸显。纯地基模型Ⅰ中 B 点的超孔隙水压力在地震过程中是持续累积的,最终在 4~5s 时达到稳定状态,其值达到了 45kPa,而排水模型Ⅱ中 B 点的超孔隙水压力最终达到 15kPa,减少了 67%。C、D 点与 A、B 点类似,体现了碎石桩较强的排水作用。

随着地震的进行,纯地基模型Ⅰ中 A 点的超孔隙水压力是不断增大的,其中在 2s 左右(地震波达到峰值时)曲线的值剧增,随后其值一直在 58kPa 上下波动。

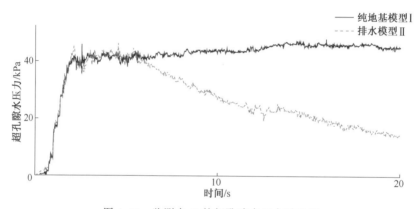

图 4.35 监测点 B 的超孔隙水压力时程图

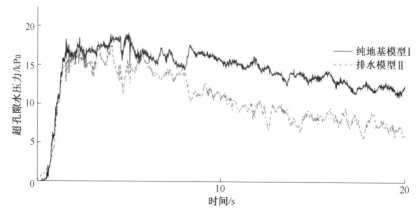

图 4.36 监测点 C 的超孔隙水压力时程图

而对于 B 点来说，在地震过程中，其超孔隙水压力是持续累积的，最终在地震结束时（4～5s）达到一个稳定的状态，其间一直保持在较高的值。

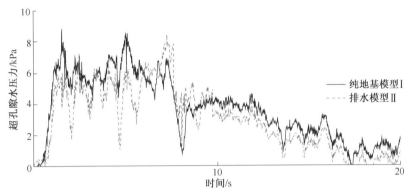

图 4.37　监测点 D 的超孔隙水压力时程图

3. 有效应力

土是三相体系，饱和土则可看作二相体系。外荷载作用后，土中应力由土体骨架和土中的水气共同承担，只有通过土颗粒传递的有效应力才会使土产生变形，使土体发挥抗剪强度，而通过孔隙中的水气传递的孔隙压力对土的强度和变形没有贡献。可以这样理解：例如有两个土试样，一个加水超过土体表面若干，可以发现土样没有被压缩；另一个表面放重物，很明显可以看到土样被压缩了。尽管两个试样表面都有荷载，但是结果不同，原因就在于前者是孔隙水压，后者是通过颗粒传递的，为有效应力，即饱和土的压缩需要排水的过程（孔隙水压力消散的过程），只有排完水土体才压缩稳定。此外，在外荷载作用下，土中应力由土体骨架和土中的水气共同承担，水是没有摩擦力的，只有土粒间的压力（有效应力）产生摩擦力（摩擦力是土体抗剪强度的一部分）。

地震时饱和砂土地基会发生液化现象，造成建筑物的地基失效，发生建筑物下沉、倾斜甚至倒塌等。地基土的承载能力主要来自土的抗剪强度，而砂土或粉土的抗剪强度主要取决于土颗粒之间形成的骨架作用。饱和状态下的砂土或粉土受到振动时，孔隙水压力上升，土中的有效应力减小，土的抗剪强度降低。振动到一定程度时，土颗粒处于悬浮状态，土中有效应力完全消失，土的抗剪强度为零，土变成了可流动的水土混合物，此即为液化。

图 4.38 和图 4.39 为纯地基模型 I 和排水模型 II 中不同深度地基土的有效应力时程。在纯地基模型 I 中,地震开始时土体中存在一定的初始有效应力,在地震开始 2s 左右其有效应力急剧降低,随后 B 点的有效应力不断降低,最后降至 0,说明已经液化;A 点直至地震结束其有效应力一直在 10kPa 上下波动;C 点和 D 点的有效应力达到峰值后直至地震结束期间有略微的增大,幅度不大。

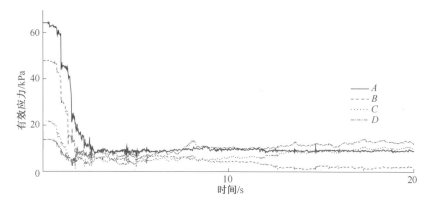

图 4.38 纯地基模型 I 中不同深度地基土的有效应力时程图

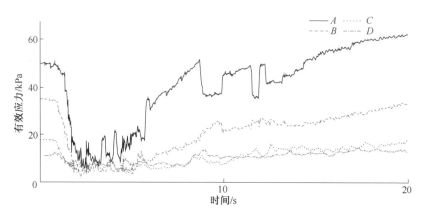

图 4.39 排水模型 II 中不同深度地基土的有效应力时程图

在排水模型 II 中,A、B、C、D 四个点的有效应力也是在地震发生 2s 时达到最小值。但与前者不同的是,其在 2s 后迅速增大,呈梯形变化,直至地震结束。可以发现,深度最深的 A 点有效应力的增大速率明显高于其他三个点,其有效应力最大,B、C 点次之,深度最浅的 D 点有效应力的增大速率最小。在地震结束时四个点的有效应力与深度成正比,深度最深的 A 点的有效应力最大,深度最浅的 D 点有效应力最小。地震结束时四个点的有效应力远远大于 0,说明远未达到液化状态。

图 4.40~图 4.43 所示为监测点 A~D 的有效应力时程图。对于监测点 A 来说,在地震还未开始时,排水模型Ⅱ中监测点 A 的有效应力为 50kPa,而纯地基模型Ⅰ中监测点 A 的有效应力为 64kPa 左右,大于前者。随着地震的进行,在 0~2s,A 点的有效应力迅速下降,达到最小值。在 2s 以后,排水模型Ⅱ中 A 点的有效应力迅速持续增大直至地震结束,达到了 65kPa,而纯地基模型Ⅰ中 A 点的有效应力一直维持在最小值上下直至地震结束,达到 10kPa,凸显了碎石桩的排水作用。

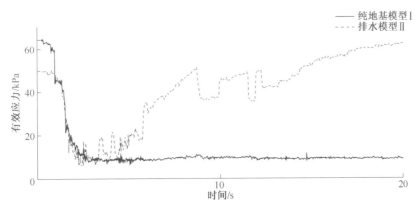

图 4.40 监测点 A 的有效应力时程图

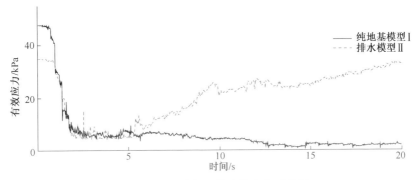

图 4.41 监测点 B 的有效应力时程图

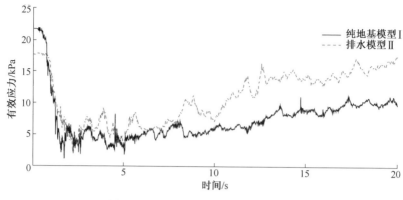

图 4.42 监测点 C 的有效应力时程图

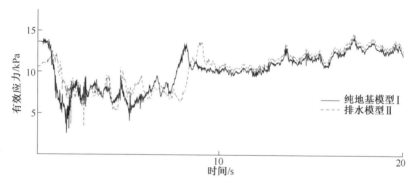

图 4.43 监测点 D 的有效应力时程图

B 点和 A 点类似。在纯地基模型 Ⅰ 中,当有效应力达到最小值时,由于地震波大幅下降,C 点的有效应力有略微的增大,但其增大的速率远远小于排水模型 Ⅱ,在地震结束时排水模型 Ⅱ 中 C 点的有效应力也远远大于纯地基模型 Ⅰ,显示了碎石桩的排水作用。对于 D 点来说,两个模型中有效应力的变化趋势比较一致,但采用碎石桩的值较未采用的小。

4. 水平位移

图 4.44 和图 4.45 所示为纯地基模型 Ⅰ 和排水模型 Ⅱ 在地震结束时的水平位移云图。在竖直方向,水平位移的大小随着地基土体所处深度的增加而减小,二者成反比,在其顶部水平位移达到最大;而在 XOY 平面上,其水平位移相同。

在模型 Ⅰ 中,地基土体顶部的水平位移为 $0.2 \sim 0.2186 \mathrm{m}$,方向为 X 正向;

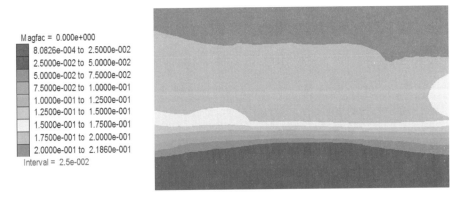

图 4.44　纯地基模型 I 在地震结束时的水平位移云图（单位：m）

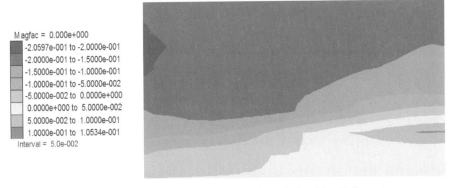

图 4.45　排水模型 II 在地震结束时的水平位移云图（单位：m）

而排水模型 II 中，其值为 0.15～0.2m，方向为 X 负向，只有极少一部分地基土体的水平位移是 X 正向，可以忽略。总体上在地基土体的相应位置，排水模型 II 的水平位移也是小于前者的，说明碎石桩对于抑制地基土体在地震过程中水平位移的发展效果较为显著。

5. 竖向位移

在实际施工过程中，由于土体的变形及压缩性，在自重及其他应力的影响下地基将产生沉降。均匀沉降产生的损害较小。由于地基土体较软，土层厚度不一，地基土层的类别、压缩性大小不同等原因，地基土体有可能产生较大或严重的沉降和不均匀沉降，导致无法正常使用，同时也存在较大的安全隐患，因此对地基土体沉降（竖向位移）的研究十分必要。

图 4.46 和图 4.47 所示为纯地基模型 Ⅰ 和排水模型 Ⅱ 在地震结束时的竖向位移云图。可以看出，地基土体的竖向位移呈线性分布，总体上与土体所在位置的深度成反比，在土体顶部达到峰值。对比可知，纯地基模型 Ⅰ 顶部的沉降达到 0.2619m，方向向下，而后者为 0.0721m，方向也是竖直向下，减小了 72%。同时可以看出，地基土体各个位置的竖向位移，纯地基模型 Ⅰ 是远远大于排水模型 Ⅱ 的，说明碎石桩可以较好地抑制土体的沉降。

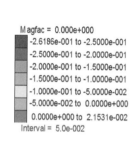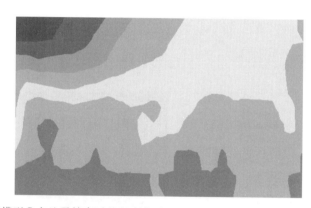

图 4.46　纯地基模型 Ⅰ 在地震结束时的竖向位移云图（单位：m）

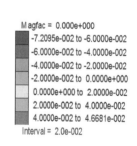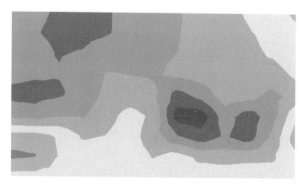

图 4.47　排水模型 Ⅱ 在地震结束时的竖向位移云图（单位：m）

由云图可知，在纯地基模型 Ⅰ 中地基土体的左上部分沉降最大，沿着对角线向右下方逐渐减小。在两个模型中地基土体的底部有轻微的隆起，这是因为底部为黏性土，吸水膨胀，同时基底的土压力低于水压力。

4.3 小　　结

本章通过竖向应力、孔隙水压力、超孔隙水压力、有效应力、水平位移和竖向位移等参数分析了碎石桩对地基抗震性能的影响，得到如下结论：

1) 静力方面，地基土体在自重作用下，其竖向应力和孔隙水压力均与地基土体所在位置的深度成正比，同时在土体的底部达到最大值。天然地基的孔隙水压力和竖向应力均大于排水模型的值。

2) 由孔隙水压力云图可知，在地震中地基土体中的水主要积存在土体的中下部，液化往往是从底部向上部发生，同时底部液化程度较上部严重。由于碎石桩的存在，地基基础土体中的水向前者所在的位置流动，碎石桩构成一个凹形的排水通道，能够将地震过程中地基土体积存的水及时排出，体现了碎石桩具有较强的排水作用，并能够提高地基在地震过程中的强度。

3) 地基土体中水平位置相同而深度不同的监测点的超孔隙水压力与地基土体所处的深度成正比，在底部达到最大值。

4) 在地震波达到最高点时，超孔隙水压力达到最高，未采用碎石桩的地基土体超孔隙水压力随后一直在峰值上下波动，采用碎石桩的地基由于碎石桩的排水减压作用，超孔隙水压力大幅度下降，直至地震结束，体现了碎石桩较强的排水效应。地基土体的有效应力和前者类似，是持续减小的。未采用碎石桩的地基土体在地震作用下已经完全液化，土体强度受到严重损害。地基土体所处位置不同，其液化程度不同。

5) 地基土体的水平和竖向位移基本上均与地基土体所在位置的深度成反比，在顶部达到最大值。碎石桩在抑制地震激励过程中地基土体的水平和竖向位移方面有明显的效应，使竖向位移减小了72%。

第 5 章 碎石桩位置对地基局部抗液化性能的影响

本章拟在地基中不同位置设置碎石桩,继而分析地基土体中相应监测点的液化指标,研究碎石桩设置位置的改变对地基局部抗液化性能的影响。

5.1 建立计算模型

5.1.1 模型尺寸及参数

建立三种排水模型：排水模型Ⅲ,即在第 4 章中在排水模型Ⅱ的左侧额外设置两根碎石桩；排水模型Ⅳ,即在排水模型Ⅱ的下侧额外设置两根碎石桩；排水模型Ⅴ,即在排水模型Ⅱ的左下角额外设置三根碎石桩,如图 5.1～图 5.3 所示。模型纵向和横向尺寸均为 18m；碎石桩桩径为 0.6m,间距为 2m。地基土体剖面模型：自上而下分别为 1m 厚的非液化黏土层、8m 厚的可液化砂土层、

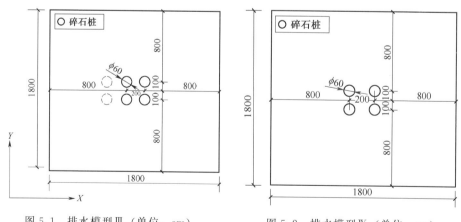

图 5.1 排水模型Ⅲ（单位：cm）　　图 5.2 排水模型Ⅳ（单位：cm）

1m 厚的非液化黏土层。

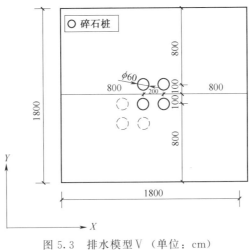

图 5.3 排水模型 V（单位：cm）

5.1.2 选择地震波

1940 年在美国 El-Centro 地区发生的地震比较典型，选择对应的水平地震波作为加载地震波，沿图 5.5（见下文）中的 X 方向输入。该地震波加速度记录振幅为 $0.34g$，持续时间为 20s，参见图 5.4 所示的地震波加速度时程曲线。

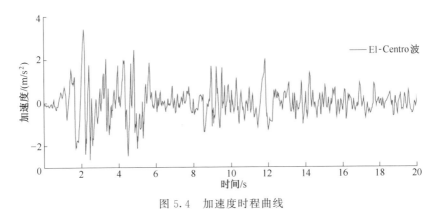

图 5.4 加速度时程曲线

5.1.3 监测点布置

为了分析碎石桩提高地基基础抗震性能的效果，选取地基基础土体中水平位置相同（在土体的中央位置）、高度不同的 A、B、C、D 四个点作为监测点进行对比分析，其中 A 点在土体中的深度最深，B、C 次之，D 点的深度最浅，具体见表 5.1。监测点在土体中的位置如图 5.5 和图 5.6 所示。

表 5.1 监测点坐标

监测点	坐标值/m	监测点	坐标值/m
A	(9, 9, 1)	C	(9, 9, 6)
B	(9, 9, 3.5)	D	(9, 9, 9)

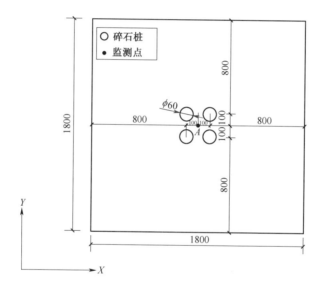

图 5.5 监测点平面图（单位：cm）

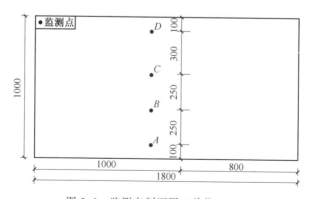

图 5.6 监测点剖面图（单位：cm）

5.2 模拟结果分析

5.2.1 静力分析

1. 竖向应力

图 5.7～图 5.9 所示分别是排水模型Ⅲ、Ⅳ、Ⅴ在静力平衡后的竖向应力云图。总体上在竖直方向三者的竖向应力随着地基土体深度的增加而增大，在土体的底部达到最大值。

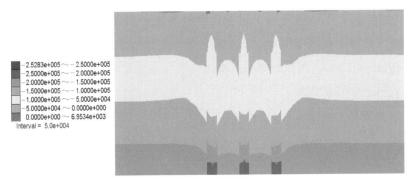

图 5.7 排水模型Ⅲ在静力平衡后的竖向应力云图（单位：Pa）

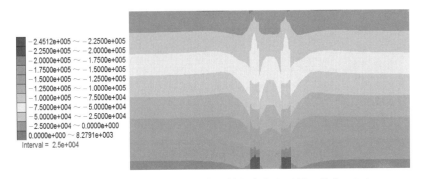

图 5.8 排水模型Ⅳ在静力平衡后的竖向应力云图（单位：Pa）

碎石桩处的地基土体呈向下凹的凹坑形状，说明碎石桩承载了地基土体承担的一部分上部传来的荷载，由此可看出碎石桩能够增加地基土体的承载力，提高其强度。

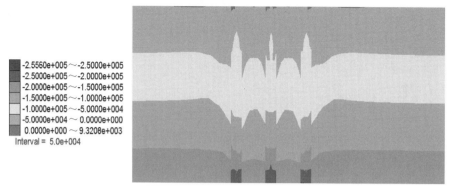

图 5.9　排水模型 V 在静力平衡后的竖向应力云图（单位：Pa）

通过对比发现，三种工况下碎石桩承受的竖向应力大体相同，最大值为 $2.4\times10^5 \sim 2.5\times10^5$ Pa。三种工况下，地基土体中相应位移的竖向应力基本一致，说明采用何种排水模型对地基土体静力作用影响不大。

在 XOY 平面上，通过云图可以看出，竖向应力是相同的，但碎石桩所在位置及其周围土体的竖向应力比距碎石桩稍远土体的竖向应力大，说明碎石桩能够有效抵抗地基土体自重带来的竖向应力。

2. 孔隙水压力

图 5.10～图 5.12 所示为排水模型Ⅲ、Ⅳ、Ⅴ在静力平衡后的孔隙水压力云图。可以看出，总体上孔隙水压力随着地基土体深度的增加而增大，在水平方向上相同高度处土层的孔隙水压力基本一致，液化特性相近。

5.2.2　动力计算

1. 孔隙水压力

图 5.13～图 5.21 所示为三种模型在地震发生 2s、3s 和地震结束时孔隙水压力的变化情况。可以看出，在竖直方向，三者的孔隙水压力与地基基础土体所处的深度成正比，在底部达到最大。在水平方向，碎石桩周边土体的孔隙水压力较小，距其较远土体的孔隙水压力则较大，表明地基土体所在位置的孔隙水压力与距碎石桩的距离成正比。

图 5.10 排水模型Ⅲ在静力平衡后的孔隙水压力云图（单位：Pa）

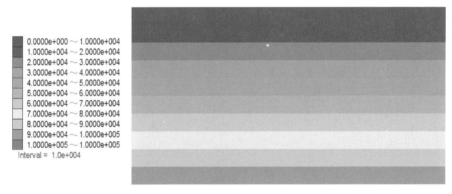

图 5.11 排水模型Ⅳ在静力平衡后的孔隙水压力云图（单位：Pa）

图 5.12 排水模型Ⅴ在静力平衡后的孔隙水压力云图（单位：Pa）

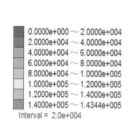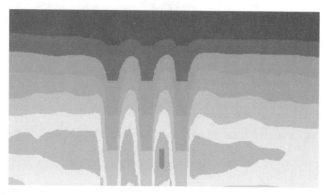

图 5.13 排水模型Ⅲ在地震发生 2s 时的孔隙水压力云图（单位：Pa）

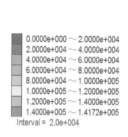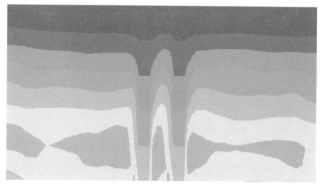

图 5.14 排水模型Ⅳ在地震发生 2s 时的孔隙水压力云图（单位：Pa）

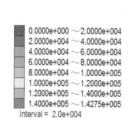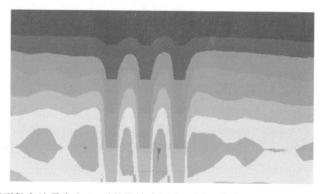

图 5.15 排水模型Ⅴ在地震发生 2s 时的孔隙水压力云图（单位：Pa）

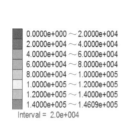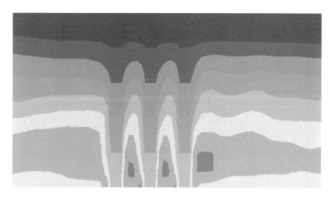

图 5.16　排水模型Ⅲ在地震发生 3s 时的孔隙水压力云图（单位：Pa）

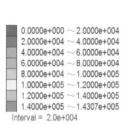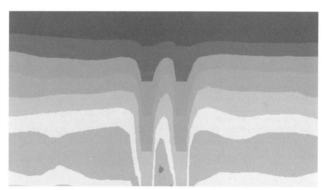

图 5.17　排水模型Ⅳ在地震发生 3s 时的孔隙水压力云图（单位：Pa）

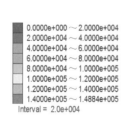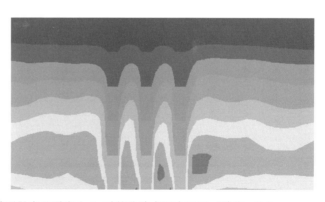

图 5.18　排水模型Ⅴ在地震发生 3s 时的孔隙水压力云图（单位：Pa）

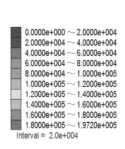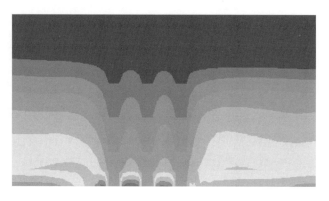

图 5.19 排水模型Ⅲ在地震结束时的孔隙水压力云图（单位：Pa）

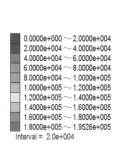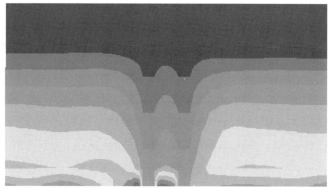

图 5.20 排水模型Ⅳ在地震结束时的孔隙水压力云图（单位：Pa）

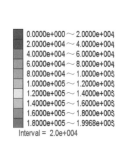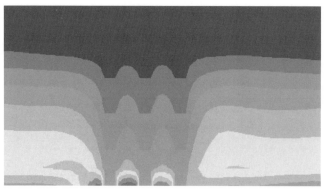

图 5.21 排水模型Ⅴ在地震结束时的孔隙水压力云图（单位：Pa）

第5章 碎石桩位置对地基局部抗液化性能的影响

在地震开始 2s 时土体中下部分的孔隙水压力较小，随着时间的推进，土体底部的孔隙水压力越来越大，造成了水压力的堆积。

随着地震的不断进行，地基下部分土体的孔隙水压力增长较快，表明地基土体中的水在底部不断累积，慢慢向地基土体上部流动。这说明，在地震过程中地基底部土体最先液化，然后液化逐渐在上部土层中开始出现。通常，底部土体的液化是最为严重的。

在地震过程中土层中的水明显向碎石桩的位置汇聚，导致其附近土体中的孔隙水压力云图呈凹坑形，形成局部低压区。

2. 超孔隙水压力

图 5.22~图 5.25 所示为监测点 A、B、C、D 在三个模型中的超孔隙水压力时程图。可以看出，三个模型对于地基土体中不同位置监测点抗震性能的提高有差异。对于 A、B 点来说，三个模型的加固效果大体相同。A、B 两点的抗震性能对碎石桩的位置敏感性不高，可认为在实际工程中尽可能将碎石桩放置在条件允许的位置。

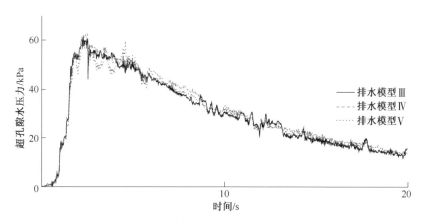

图 5.22 监测点 A 的超孔隙水压力时程图

对于 C 点来说，模型Ⅳ和Ⅴ的超孔隙水压力较大，两者大体相同；排水模型Ⅲ对应的 C 点的超孔隙水压力最小，说明其加固效果最好。因此，在实际工程中应尽可能选择排水模型Ⅲ来提高地基土体的抗震性能。

D 点稍有不同，排水模型Ⅲ的超孔隙水压力最小，Ⅴ次之，Ⅳ最大，说明排水模型Ⅲ的效果最好，Ⅴ次之，Ⅳ最差。

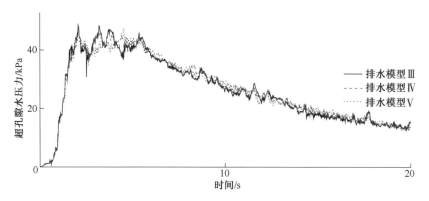

图 5.23　监测点 B 的超孔隙水压力时程图

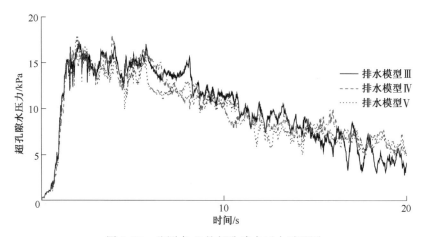

图 5.24　监测点 C 的超孔隙水压力时程图

综上所述，在实际工程中应尽可能选择排水模型Ⅲ。

在地震过程中，地基基础土体中的水如何流动及如何变化等也是目前研究的重点。图 5.26～图 5.28 所示为排水模型Ⅲ、Ⅳ、Ⅴ中不同深度土体的超孔隙水压力时程图。可以看出，三个模型呈现的规律是一致的。在地震开始初期，由于在 2s 时地震波达到峰值，地基土体的超孔隙水压力急剧增大达到峰值。深度最深的 A 点的值最大，B、C 点次之，深度最浅的 D 点的值最小。土体的超孔隙水压力的大小与土体在 Z 轴的位置成正比。

第 5 章　碎石桩位置对地基局部抗液化性能的影响

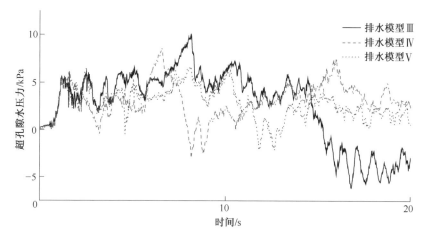

图 5.25　监测点 D 的超孔隙水压力时程图

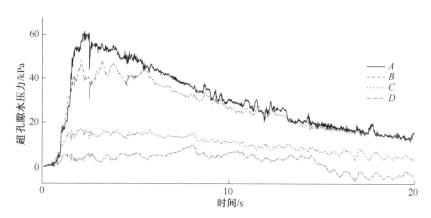

图 5.26　排水模型Ⅲ中不同深度地基土的超孔隙水压力时程图

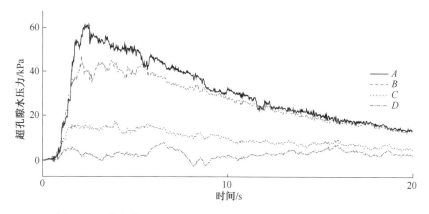

图 5.27　排水模型Ⅳ中不同深度地基土的超孔隙水压力时程图

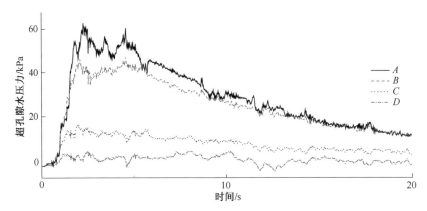

图 5.28　排水模型 V 中不同深度地基土的超孔隙水压力时程图

在地震发生的过程中土体不断振动,但由于碎石桩的存在,土体的超孔隙水压力下降较为迅速。深度较深的监测点 A、B 的孔隙水压力下降幅度明显大于深度较浅的 C、D 两点,说明碎石桩对地基土体深部的加固效果要好于浅部。

地震结束时监测点 A、B 的超孔隙水压力基本一致,是最大的,监测点 C、D 的超孔隙水压力最小。

5.3　小　　结

本章在第 4 章的基础上对比分析了不同碎石桩排水模型的效果。分析得出,在地震垂直方向上设置碎石桩的排水效果要优于在地震方向和地震对角方向设置碎石桩。

碎石桩可以大幅度减小地基土体的孔隙水压力,能够有效提高其抗震性能。地震过程中土中的水向碎石桩汇聚,水压力云图呈凹坑形。

碎石桩对于地基土体深部的排水效果要好于浅部土体,但都优于纯地基模型,凸显了碎石桩的排水减压效应。

第 6 章　碎石桩围护的混凝土桩基础的抗震性能

桩基础是工程中常用的一种深基础，具有诸多优点，可以穿越地基上部的不良或可液化土层，将上部荷载传递到持力层。震害调查表明，桩基础在地基液化时因侧移过大导致破坏的实例较多。鉴于此，本章将研究并提出基于周围密排碎石桩围护的混凝土桩基础抗震保护方案，如图 6.1 所示。

由于地基液化涉及渗流分析，数值模拟耗时极长，而且对数值软件依赖性极强，在数值模拟过程中需要适度控制混凝土桩周围设置的碎石桩数量，但相关调整不影响基本结论。

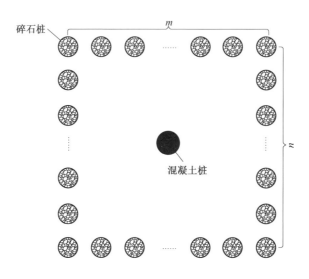

图 6.1　密排碎石桩示意图

6.1 建立计算模型

1. 模型尺寸

纯地基条件下桩基础抗震模型横向和纵向均为 14m，在模型中部设置一根直径为 0.6m 的混凝土桩，混凝土强度等级为 C30，地下水位在模型表面以下 1m 处（图 6.2）。碎石桩加固模型是在纯地基条件下的桩基础抗震模型中部加入 4 根直径为 0.6m 的碎石桩形成（图 6.3）。土层厚度为 6m，其中黏土厚 1m，砂土厚 5m（图 6.4）。

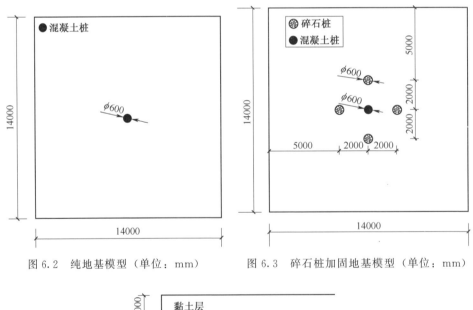

图 6.2　纯地基模型（单位：mm）　　图 6.3　碎石桩加固地基模型（单位：mm）

图 6.4　土层剖面图（单位：mm）

在砂土层中选择 A、B、C 三个监测点观测其超孔隙水压力时程变化,在混凝土桩中选择 D、E、F 三个监测点观测其位移时程变化。监测点的位置如图 6.5 所示。模型的网格划分如图 6.6 所示。

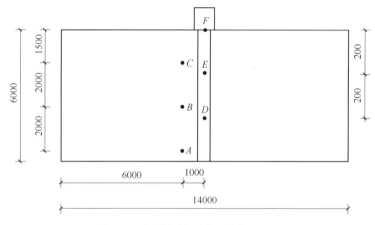

图 6.5 监测点剖面图(单位:mm)

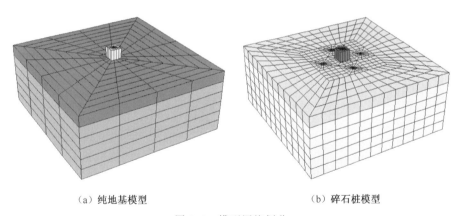

(a)纯地基模型 (b)碎石桩模型

图 6.6 模型网格划分

2. 模型参数

根据材料的应力-应变关系和 FLAC 3D 中提供的本构模型,黏土层、砂土层和碎石桩均采用 Mohr-Coulomb 模型,混凝土桩采用弹性模型,材料参数见表 6.1。

表 6.1　材料参数

土层和桩	高度 /m	干密度 /(kg/m³)	黏聚力 /kPa	摩擦角 /(°)	体积模量 /MPa	剪切模量 /MPa	孔隙率	渗透系数 /(cm/s)
黏土层	1	1500	15	23	11.11	3.70	0.48	1×10^{-7}
砂土层	5	1300	0	30	10.67	6.4	0.45	6×10^{-3}
碎石桩	6	2000	0	35	111.11	83.33	0.43	1×10^{-1}
混凝土桩	6	2400	—	—	1.67×10^{4}	1.25×10^{4}	—	—

3. 动力施加条件

选取美国 El-Centro 波作为动力荷载，加载地震波前 5s，沿着模型底部横向（即 X 方向）输入。

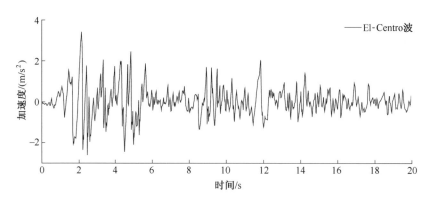

图 6.7　加速度时程曲线

6.2　模拟结果分析

6.2.1　静力分析

纯地基模型和碎石桩地基模型的横向孔隙水压力云图如图 6.8 和图 6.9 所示。在重力作用下，孔隙水压力达到平衡。二者孔隙水压力分布规律一致：在同一土层深度处孔隙水压力数值相等，随着土层深度增加孔隙水压力增大，在底部达到最大，为 50kPa；混凝土桩为不透水模型，不存在孔隙水压力。

图 6.8 纯地基模型横向孔隙水压力云图（单位：Pa）

图 6.9 碎石桩地基模型横向孔隙水压力云图（单位：Pa）

6.2.2 动力分析

1. 孔隙水压力

图 6.10 和图 6.11 所示为地震发生 2s 时两种模型的横向孔隙水压力云图。在纯地基模型中，与静力结果相比，各土层深度处孔隙水压力均上升，底部最大，为 80kPa，增幅为 60%。在碎石桩地基模型中，与静力结果相比，孔隙水压力有所上升，在同一土层深度处孔隙水压力在碎石桩位置产生降低趋势，总

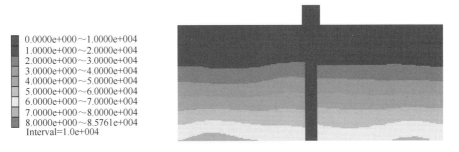

图 6.10 地震发生 2s 时纯地基模型横向孔隙水压力云图（单位：Pa）

体来看形成下凹状态,表明砂土层中的水流至碎石桩,水压力变小。

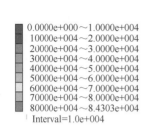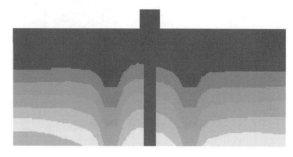

图 6.11　地震发生 2s 时碎石桩地基模型横向孔隙水压力云图（单位：Pa）

图 6.12 和图 6.13 所示为地震发生 5s（计算结束）时两种模型的横向孔隙水压力云图。随着地震波的加载,砂土层中的水不断流入碎石桩中,使得孔隙水压力云图在碎石桩位置处形成的下凹状态愈加明显,在碎石桩底部孔隙水压力仅达到 40kPa。而在纯地基模型中,随着地震波的加载,地基土体中的水无法排出,致使孔隙水压力不断增大,底部孔隙水压力增大至 100kPa。

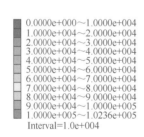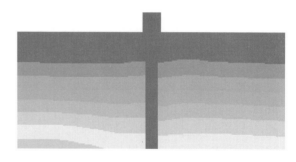

图 6.12　地震发生 5s 时纯地基模型横向孔隙水压力云图（单位：Pa）

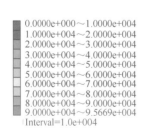

图 6.13　地震发生 5s 时碎石桩地基模型横向孔隙水压力云图（单位：Pa）

为了分析垂直地震波输入方向另外 2 个碎石桩的排水效应，选取模型的纵向（即 Y 向剖面）孔隙水压力云图，如图 6.14～图 6.17 所示。在纯地基模型中，地震波加载 2s 时，孔隙水压力在底部达到最大，为 80kPa；地震波加载 5s 时，最大孔隙水压力达到 100kPa。在碎石桩加固地基桩基础模型中，地震波加载至 2s 时，由于碎石桩的排水作用，出现局部低压区，地震波加载至 5s 时局部低压区更加明显。

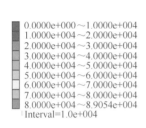
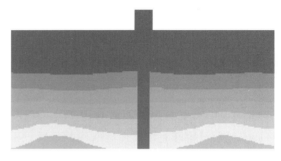

图 6.14　地震发生 2s 时纯地基模型纵向孔隙水压力云图（单位：Pa）

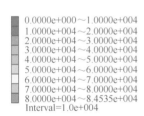
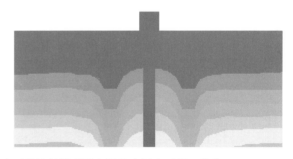

图 6.15　地震发生 2s 时碎石桩地基模型纵向孔隙水压力云图（单位：Pa）

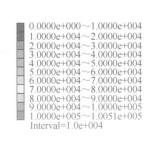

图 6.16　地震发生 5s 时纯地基模型纵向孔隙水压力云图（单位：Pa）

图 6.17　地震发生 5s 时碎石桩地基模型纵向孔隙水压力云图（单位：Pa）

2. 超孔隙水压力

A、B、C 三个监测点的超孔隙水压力时程曲线如图 6.18～图 6.20 所示。纯地基模型中，随着地震波加载时间的推移，三个点的超孔隙水压力不断增大，

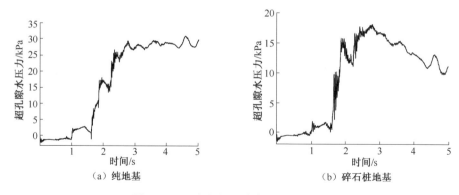

（a）纯地基　　　　　　　　　（b）碎石桩地基

图 6.18　A 点的超孔隙水压力时程曲线

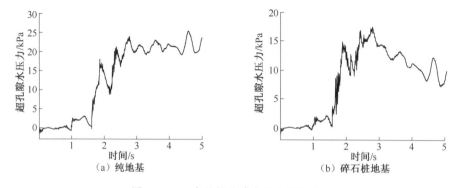

（a）纯地基　　　　　　　　　（b）碎石桩地基

图 6.19　B 点的超孔隙水压力时程曲线

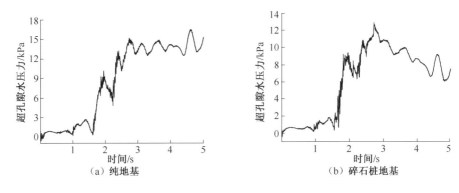

图 6.20　C 点的超孔隙水压力时程曲线

在 2~3s 达到最大，之后在一定范围内上下波动，并趋于平缓，A、B、C 三个点的超孔隙水压力幅值分别为 30.89kPa、25.48kPa、16.50kPa。在碎石桩地基模型中，A、B、C 三个点的超孔隙水压力在地震波加载 2~3s 时达到最大，幅值分别为 18.19kPa、17.50kPa、12.86kPa，之后出现下降趋势。由此可见，碎石桩具有降低地基土体超孔隙水压力幅值的效果。

3. 桩身位移

图 6.21 和图 6.22 所示为地震发生 5s 时两种模型的桩身位移云图。在纯地基模型中混凝土桩身位移在顶部达到最大，为桩身长度的 1/563；碎石桩加固情况下桩身位移数值相同位置处比纯地基情况下桩身位移数值要小，最大位移出现在桩身顶部，为桩身长度的 1/696。

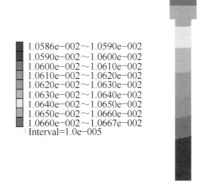

图 6.21　地震发生 5s 时纯地基模型桩身位移云图（单位：m）

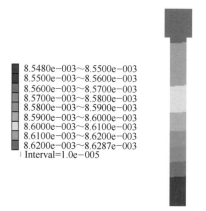

图 6.22　地震发生 5s 时碎石桩地基模型桩身位移云图（单位：m）

图 6.23～图 6.25 所示为碎石桩加固前后监测点 D、E、F 的位移时程曲线。由曲线可知，在 2～3s 时 D、E、F 点桩身位移均出现最大值，且 F 点最

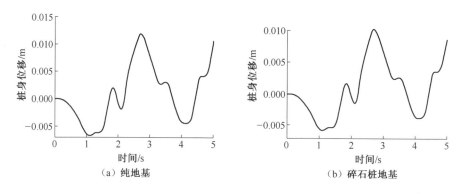

图 6.23　D 点桩身位移时程曲线

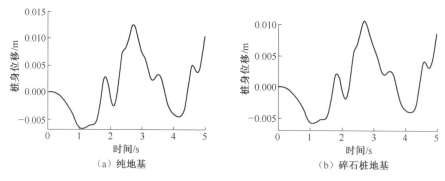

图 6.24　E 点桩身位移时程曲线

大，E 点次之，D 点最小；对同一监测点来说，碎石桩加固后桩身位移数值比未加固的要小。

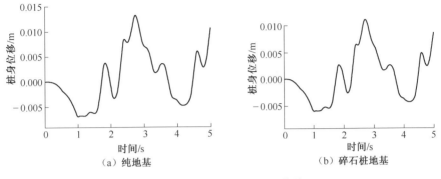

图 6.25　F 点桩身位移时程曲线

6.3　小　结

1）在地震作用下，沿同一土层深度处，与纯地基模型相比，设有碎石桩情况下土体中孔隙水压力会相应减小，特别是在碎石桩附近土体中这种衰减作用更明显。

2）就地基中某一点而言，沿地震波入射方向和垂直于入射方向分别作剖切面，假设土层剖面分布完全相同，土层中孔隙水压力的分布仍存在一定程度的差别。

3）通过对比纯地基模型和碎石桩加固情况下混凝土桩身位移，可以发现两种模型中混凝土桩身最大位移均出现在桩顶处，同时碎石桩加固情况下桩身位移有相当程度的减小。

第三篇

地基液化性能的鉴定评估

第7章 基于液化梯度分析的地基液化性能多维变尺度评估方法

7.1 地基液化评判方法简述

地基液化是指含水率接近饱和的地基土体受外部振动荷载的持续作用，导致土体骨架逐渐破坏，继而表现出类似液体具有流动特征的一类地基变形现象。饱和的砂土或粉土地基是由土颗粒与孔隙水组成的多孔两相介质，在地震作用下易发生液化。这类地基在一定的条件下，如果排水不充分，由于反复振动导致的挤密效应，土中的孔隙水压力不停增长。由土体的总应力原理可知，土中孔隙水压力的增长必然伴随着有效应力的减少，二者之和保持不变。由于土体的有效应力实质反映的是土体骨架颗粒之间的接触压力，当有效应力趋近于零时，意味着土体颗粒之间逐渐脱离接触，直至悬浮于液态水中，表现出流体一类的变形特征。物质在固体状态具有抗剪强度，而在液体状态不具有抗剪强度。因此，地基土体一旦液化或接近液化，就会完全或者部分丧失承载力，对上部结构的危害极大。地震导致地基液化的工程实例很多，如我国1976年发生的7.8级唐山地震、日本1964年发生的7.5级新潟地震和1995年发生的7.2级阪神地震中都出现了大面积地基液化的现象。局部地基液化的现象则更多，如2008年我国8.0级的汶川地震、2010年智利8.8级的Maule地震、2011年9.0级的东日本大地震均引发了很多局部地基液化。因此，科学、全面地评估地基的液化性能对于减轻场地震害非常重要。

依据规范，目前地基液化的评判方法主要分为两类，即初判和细判。初判主要结合土的地质条件、颗粒参数和地下水位情况进行判定，在分析认为有可能发生液化的基础上进一步细判。细判主要采用现场标准贯入试验（SPT）和圆锥触探试验（CPT）的方法，并以液化指数评估地基的液化程度。除此之外，其他的液化评判方法如剪应力法和能量法研究尚不成熟。

在常规的地基液化评判方法中，通过记录标准贯入试验（SPT）的锤击数，引入液化指数评定液化等级。液化指数评定法的优点是简单易懂，易于评定地基的液化性能，但是也存在着一些不足。

7.2 液化指数评判方法的局限性

按照现行的抗震规范，对于存在液化砂土层和粉土层的地基，要求按下式计算每个钻孔的液化指数，然后结合液化指数划分地基的液化等级：

$$I_{lE} = \sum_{i=1}^{n}(1-\frac{N_i}{N_{cri}})d_i\omega_i \quad (7.1)$$

式中，I_{lE} ——液化指数；

  h ——在判别深度范围内每一个钻孔标准贯入试验点的总数；

N_i，N_{cri} ——i 点标准贯入锤击数的实测值和临界值，当实测值大于临界值时应取临界值，当只需要判别 15m 范围以内的液化时 15m 以下的实测值可按临界值采用；

  d_i ——i 点所代表土层的厚度（m），可采用与该标准贯入试验点相邻的上、下两标准贯入试验点深度差的一半，但上界不高于地下水位深度，下界不深于液化深度；

  ω_i ——i 土层单位厚度的层位影响权函数值（m^{-1}），当该层中点深度不大于 5m 时取 10，等于 20m 时应采用零值，5~20m 时应按线性内插法取值。

按式（7.1）确定单孔的液化指数后，按照表 7.1 可评定对应的液化等级。

表 7.1 液化等级与液化指数的对应关系

液化等级	轻微	中等	严重
液化指数 I_{lE}	0< I_{lE} ≤6	6< I_{lE} ≤18	I_{lE} >18

上述常规的液化指数评判方法比较简单，但在实际应用中暴露出了一些问题：

1）单孔孤立评判，液化指数建立在每个测孔数据基础之上，缺乏数据之间的关联性分析。

2）无法进行地基液化性能的三维空间差异性分析，难以评估地基不同方位的沉降或侧移发展趋势。

3）单孔分析结果不能精确描述地基整体的液化性能，难以有效指导地基加固工程方案设计。

基于此，在传统液化指数评定方法的基础上笔者提出一种可用于地基液化性能评估的多维变尺度分析方法，以解决上述问题。在小的方面，该方法可以将地基液化性能的评定计算由孔细化到测点；在大的方面，可以沿地基任意方位作剖切面，不限于水平或铅垂面，均可进行地基液化性能的三维空间差异性分析，为全面评估地基整体的液化性能提供一种新的思路。下文首先阐述该分析方法的基本原理，然后通过第 8 章的工程实例进行说明。

7.3 地基液化性能多维变尺度分析法

标准贯入试验（SPT）利用土体的竖向贯入阻力评定地基的抗液化性能，考虑到地基液化后变形的空间差异性，可沿竖向和水平方向建立液化指标三维评估体系。

7.3.1 地基单点液化势计算

首先是概念扩充，将液化指标从孔细化到测点。

假设共有 m 个钻孔，序列号用 Z_p（$p=1, 2, \cdots, m$）表示；对应钻孔 Z_p 有 n_p 个测点，从地面开始向深处依次用序列号 $1, 2, \cdots, n_p$ 表示，如图 7.1 所示。根据液化指数的传统定义，钻孔的液化指数为

$$I_p = \sum_{q=1}^{n_p}\left(1 - \frac{N_q}{N_{\text{cr}q}}\right) d_q \omega_q \tag{7.2}$$

考虑到传统液化指数的局限性，现对液化指数重新定义，把概念拓展到适用于每一测点，而不再局限于每一测孔。对钻孔 Z_p 内任一测点 i，定义该点的液化指数为

$$I_{pi} = \sum_{q=i}^{n}\left(1 - \frac{N_q}{N_{\text{cr}q}}\right) d_q \omega_q \tag{7.3}$$

可以发现,当 $i=1$ 时 I_{p1} 即为该孔的液化指数 I_p。因此,公式(7.3)更具有一般代表性,公式(7.2)可看作公式(7.3)的特例。由此可知

$$I_{pn_p} \leqslant I_{pi} \leqslant I_p \tag{7.4}$$

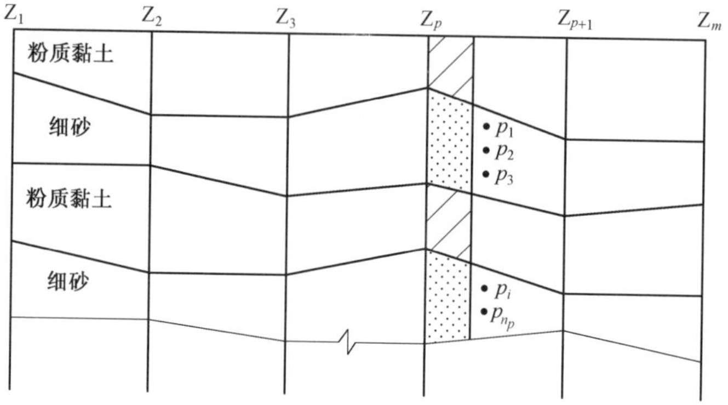

图 7.1 钻孔与测点示意图

然后进行地基局部液化梯度分析,分析沿不同方位液化特征的变化差异,这一点传统的液化指数无法实现。

7.3.2 地基局部液化梯度分析

在待分析的三维地基空间内假设液化指数 I_p 是三维坐标的连续函数,即 $I_p = \varphi(x, y, z)$。在地基内任取一个二维的垂直平面,在该面内将液化指数相同的测点连接起来,形成的曲线定义为等液化线。如果该面内测点足够多,将会形成一系列等液化线。进一步,这一想法可以拓展到地基三维空间,在地基范围内将液化指数相同的测点连接起来,形成一系列曲面,即构成等液化面。考虑到实际地基标准贯入试验点的数量有限,等液化线和等液化面无法确定,也可根据测点标高利用等高面或等高线上的液化数据进行地基液化性能分析。根据标量场的梯度定义,液化指数变化最快的方向应沿其梯度方向。假设地基中各土层等厚且土质均匀,则任一点处液化指数梯度方向应沿竖直方向。但是由于实际地基各土层厚度分布不均且土质参数发生变化,任一点的液化指数梯度方向都将不同程度地偏离其竖直方向。因此,任一点的液化梯度可以表示为

$$\overrightarrow{\text{grad}\, I_p} = \nabla I_p = \frac{\partial I_p}{\partial x}\vec{i} + \frac{\partial I_p}{\partial y}\vec{j} + \frac{\partial I_p}{\partial z}\vec{k} \tag{7.5}$$

其中 $\vec{i}, \vec{j}, \vec{k}$ 分别表示沿 x、y、z 轴的单位向量。该点液化梯度的大小为

$$|\overrightarrow{\operatorname{grad} I_p}|=|\nabla I_p|=\sqrt[2]{\left(\frac{\partial I_p}{\partial x}\right)^2+\left(\frac{\partial I_p}{\partial y}\right)^2+\left(\frac{\partial I_p}{\partial z}\right)^2} \quad (7.6)$$

借助任一点的液化梯度可以评判地基中不同位置液化发展最快的方向和液化程度。在平面的情况下，上式蜕变为

$$|\overrightarrow{\operatorname{grad} I_p}|=|\nabla I_p|=\sqrt[2]{\left(\frac{\partial I_p}{\partial x}\right)^2+\left(\frac{\partial I_p}{\partial z}\right)^2}$$

或 (7.7)

$$|\overrightarrow{\operatorname{grad} I_p}|=|\nabla I_p|=\sqrt[2]{\left(\frac{\partial I_p}{\partial y}\right)^2+\left(\frac{\partial I_p}{\partial z}\right)^2}$$

在实际工程中，由于测点数量的原因，上式可简化为

$$|\overrightarrow{\operatorname{grad} I_p}|=|\nabla I_p|=\sqrt[2]{\left(\frac{\Delta I_p}{\Delta x}\right)^2+\left(\frac{\Delta I_p}{\Delta z}\right)^2}$$

或 (7.8)

$$|\overrightarrow{\operatorname{grad} I_p}|=|\nabla I_p|=\sqrt[2]{\left(\frac{\Delta I_p}{\Delta y}\right)^2+\left(\frac{\Delta I_p}{\Delta z}\right)^2}$$

在此基础上，鉴于实际测点数量的原因，可考虑利用 $\frac{\Delta I_p}{\Delta x}$、$\frac{\Delta I_p}{\Delta y}$ 和 $\frac{\Delta I_p}{\Delta z}$ 进行三维液化梯度分析，分析不同方向液化势的变化规律，继而确定可能的液化发展最快的区域。在实际分析过程中，沿不同方位测点的孔距是有变化的，而且有可能差异很大，如测点竖向孔距与水平孔距通常就存在极为显著的差异，至少相差一个数量级，因此这种方法称为变尺度分析，即不同方位采用的长度计量单位不同，但不影响对地基液化性能的评估分析。

7.3.3 地基整体液化性能评估

对于实际工程地基的任一等高面，可建立 x，y，I_p 坐标系代替 x，y，z 坐标系。通过比较等高面上不同测点的液化指数 I_p 即可分析评估地基沿空间不同方向的液化风险。对地基任一平面内的等高线，也可以采取类似的处理方法。可以求得对应等高面或等高线上各测点液化参数的均值 μ_{I_p} 和标准差 σ 为

$$\mu_{I_p}=\frac{\sum_{i=1}^{n} I_{pi}}{n} \quad (7.9)$$

$$\sigma = \sqrt{\frac{\Sigma(I_{pi} - \mu_{I_p})^2}{n-1}} \text{ 或 } \sqrt{\frac{\Sigma(I_{pi} - \mu_{I_p})^2}{n}} \text{ (n 较小时)} \quad (7.10)$$

均值 μ_{I_p} 可以反映该组测点数据液化的集中趋势，而标准差可以描述样本数据和中心偏离的程度。在样本数据容量相同的情况下，标准差越大，表明数据的离散程度越大。为进一步评定地基液化的波动性，可引入相对标准偏差 RSD 进行描述，即

$$\text{RSD} = \frac{\sigma}{\mu_{I_p}} \times 100\% \quad (7.11)$$

相对标准偏差可以反映波动程度占均值的比例。

7.4 小　　结

鉴于传统的液化指数法评估地基液化性能的不足之处，在建立各点液化势的基础上本章提出了一种基于液化梯度分析的多维变尺度空间液化分析法。它突破了逐孔分析地基液化性能的缺陷，可以进行地基液化性能的三维空间分析，为全面、精确评估地基整体的液化性能提供了一种新的途径，具有重要的理论意义和应用价值。综上所述，结合水平剖面和垂直剖面液化势的变化规律即可评定地基的整体液化性能，这是常规的液化指数法不能实现的。

第8章 工程实例分析

8.1 工程背景

某工程场地按照 7 度设防，对应的设计基本地震加速度为 0.10g，设计地震分组为第一组。拟在该场地建造一建筑物，基础埋深为 2.0m，地下水位深 1.0m，地基勘察资料如图 8.1～图 8.3 所示，试评定地基的液化特性。

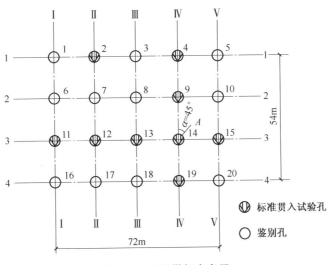

图 8.1 地基勘探点布置

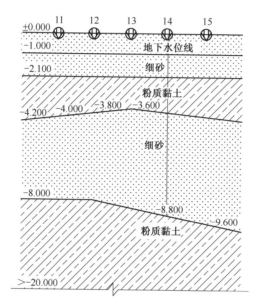

图 8.2 地质剖面图（沿 3—3 轴线方向）

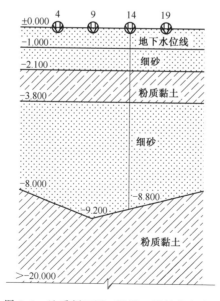

图 8.3 地质剖面图（沿 Ⅳ—Ⅳ 轴线方向）

8.2 工程应用实例分析

1. 理论基础

根据规定,浅埋天然地基的建筑,当上覆非液化土层厚度和地下水位深度符合下列条件之一时,可不考虑液化的影响:

$$d_u > d_0 + d_b - 2 \tag{8.1}$$

$$d_w > d_0 + d_b - 3 \tag{8.2}$$

$$d_u + d_w > 1.5 d_0 + 2 d_b - 4.5 \tag{8.3}$$

式中,d_u——上覆非液化土层厚度(m),计算时宜将淤泥和淤泥质土层扣除;

d_b——基础埋置深度(m),不超过2m时采用2m;

d_w——地下水位深度(m),宜按建筑使用期内年平均最高水位,也可按近期内年最高水位;

d_0——液化土特征深度(m),按表8.1选用。

表 8.1 液化土特征深度 (m)

饱和土类别	7度	8度	9度
粉土	6	7	8
砂土	7	8	9

当初步判定认为需进一步进行液化判别时,采用标准贯入试验法。在地面以下20m深度范围内,标准贯入锤击数临界值可按下式计算:

$$N_{cr} = N_0 \beta [\ln(0.6 d_s + 1.5) - 0.1 d_w] \sqrt{3/\rho_c} \tag{8.4}$$

式中,N_{cr}——标准贯入锤击数临界值;

N_0——标准贯入锤击数基准值,可按表8.2选用;

d_s——饱和土标准贯入点深度(m);

d_w——地下水位深度(m);

ρ_c——黏粒含量百分率,当小于3或为砂土时取3;

β——调整系数,设计地震第一组取0.80,第二组取0.95,第三组取1.05。

表 8.2 标准贯入锤击数基准值N_0

设计基本地震加速度/($\times g$)	0.10	0.15	0.20	0.30	0.40
液化判别标准贯入锤击数基准值 N_0	7	10	12	16	19

2. 初判

地下水位深度 $d_w=1.0\text{m}$，基础埋置深度 $d_b=2.0\text{m}$，上覆非液化土层厚度 $d_u=0\text{m}$，液化土特性深度 $d_0=7\text{m}$，则

$$d_u = 0 < d_0 + d_b - 2 = 7\text{m}$$

$$d_w = 1.0 < d_0 + d_b - 3 = 6\text{m}$$

$$d_u + d_w = 1.0 < 1.5 d_0 + 2 d_b - 4.5 = 10.0\text{m}$$

均不满足非液化条件，需进一步判定。

3. 细判

下面以孔 14 为例进行细判。标准贯入锤击数基准值 $N_0=7$（查表 8.2），调整系数 β 取 0.80（第一组），砂土 ρ_c 取 3，测点 1 标准贯入点深度 $d_{s1}=1.4\text{m}$，代入公式（8.3），可得标准贯入锤击数临界值为

$$N_{cr1} = N_0 \beta [\ln(0.6 d_s + 1.5) - 0.1 d_w] \sqrt{3/\rho_c} = 4.20$$

标准贯入锤击数实测值 $N_1 = 3 < N_{cr1}$，为液化土。

各标准贯入点所代表的土层厚度 d_i 及其中点深度 z_i 为

$$d_1 = 2.1 - 1.0 = 1.1\text{m}, \quad z_1 = 1.0 + 1.1/2 = 1.55\text{m}$$

$$d_2 = 5.1 - 3.8 = 1.3\text{m}, \quad z_2 = 3.8 + 1.3/2 = 4.45\text{m}$$

$$d_3 = 6.1 - 5.1 = 1.0\text{m}, \quad z_3 = 5.1 + 1.0/2 = 5.6\text{m}$$

$$d_4 = 7.1 - 6.1 = 1.0\text{m}, \quad z_4 = 6.1 + 1.0/2 = 6.6\text{m}$$

$$d_5 = 8.8 - 7.1 = 1.7\text{m}, \quad z_5 = 7.1 + 1.7/2 = 7.95\text{m}$$

d_i 层中点对应的权函数值 ω_i 为

$$z_1, z_2 \leqslant 5.0\text{ m}, \omega_1, \omega_2 = 10$$

$$z_3 = 5.6\text{ m}, \omega_3 = (20 - 5.6) \times \frac{10}{15} = 9.6$$

$$z_4 = 6.6 \text{ m}, \omega_4 = (20-6.6) \times \frac{10}{15} = 8.93$$

$$z_5 = 7.95 \text{ m}, \omega_5 = (20-7.95) \times \frac{10}{15} = 8.03$$

液化指数

$$\begin{aligned}I_{lE} &= \sum_{i=1}^{n}(1-\frac{N_i}{N_{cri}})d_i\omega_i \\ &= (1-\frac{3}{4.2})\times 1.1 \times 10 + (1-\frac{6}{7.5})\times 1.3 \times 10 + (1-\frac{7}{8.29})\times 1.0 \times 9.6 \\ &\quad + (1-\frac{8}{8.95})\times 1.0 \times 8.93 + (1-\frac{9}{9.53})\times 1.7 \times 8.03 \\ &= 8.95\end{aligned}$$

根据表 7.1 可知孔 14 液化等级为中等。各孔的液化判别计算数据见表 8.3~表 8.10。

4. 地基液化梯度分析

以孔 14 中的测点 3 为例进行液化梯度分析。在测点 3 处分别沿 3—3 方向和Ⅳ—Ⅳ方向作两个互相垂直的竖向剖切面，对应的液化势如表 8.11 和表 8.12 所示。

以孔 14 测点 3 为基准，可求得各点的三维液化梯度。考虑到测点之间水平距离和竖直距离相差较大，通常相差一个数量级左右，因此绘制液化梯度图时可分别乘以相应的水平间距 S_{hi} 或竖向间距 S_{vi}，以便数值对比分析，而不影响基本结论。

孔 14 各点的竖向液化梯度见图 8.4。由图 8.4 可以发现，在孔 14 中各测点由 2 点到 3 点竖向液化梯度变化较大，约为其他相邻各点对应值的 2 倍。沿剖面 3—3 各孔对应测点 3 位置的水平液化梯度见图 8.5。类似地，由图 8.5 可以发现，对应各孔测点 3 的标高处，沿 3—3 剖面方向孔 11 和孔 12 之间水平液化梯度变化较快，为其他相邻各点之间对应值的 2~6 倍。沿剖面Ⅳ—Ⅳ各孔对应测点 3 位置的水平液化梯度见图 8.6。由图 8.6 可以发现，对应各孔测点 3 的标高处，沿Ⅳ—Ⅳ剖面方向孔 4 和孔 9 之间水平液化梯度变化较快，为其他相邻各点之间对应值的 1~3 倍。结合孔 14 对应测点 3 处的三向液化梯度数值，可知该点附近液化势最大的点应出现在 A 点附近，其中 A 点位于经过孔 14 对应测点 2 标高的水平面之上，并且邻近测点 2 处。

表 8.3 孔 11 的液化判别

柱状图	测点	贯入深度 d_{si}/m	实测值 N_i	临界值 N_{cri}	是否液化	液化土层厚度 d_i/m	中点深度 z_i/m	权函数 ω_i	i 层液化指数	液化指数
孔 11 ±0.000 细砂 −1.000 −2.100 粉质黏土 −4.000 细砂 −8.000 粉质黏土 −20.00	1	1.4	6	4.20	否					2.56
	2	4.6	6	7.50	是	1.1	4.55	10	2.2	
	3	5.6	8	8.29	是	1	5.6	9.6	0.36	
	4	6.6	9	8.95	否					
	5	7.6	10	9.53	否					

第 8 章 工程实例分析

表 8.4 孔 12 的液化判别

柱状图	测点	贯入深度 d_{si}/m	实测值 N_i	临界值 N_{cri}	是否液化	液化土层厚度 d_i/m	中点深度 z_i/m	权函数 ω_i	i 层液化指数	液化指数
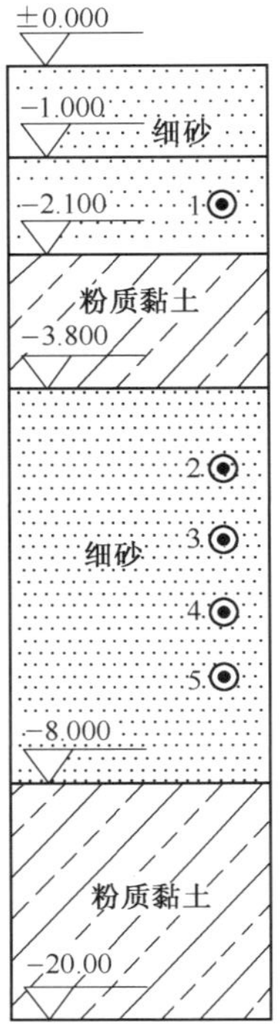	1	1.4	5	4.20	否					
	2	4.6	7	7.50	是	1.3	4.45	10.00	0.67	3.52
	3	5.6	7	8.29	是	1	5.60	9.60	1.49	
	4	6.6	8	8.95	是	1	6.60	8.93	0.95	
	5	7.6	9	9.53	是	0.9	7.55	8.30	0.42	

表 8.5 孔 13 的液化判别

测点	柱状图	贯入深度 d_{si}/m	实测值 N_i	临界值 N_{cri}	是否液化	液化土层厚度 d_i/m	中点深度 z_i/m	权函数 ω_i	i 层液化指数	液化指数
1	±0.000 细砂 -1.000 ① -2.100 ② 粉质黏土 -3.600 细砂 ③ ④ ⑤ -8.400 粉质黏土 -20.00 孔13	1.4	5	4.20	否					4.27
2		4.6	7	7.50	是	1.5	4.35	10.00	0.67	
3		5.6	6	8.29	是	1	5.60	9.60	2.65	
4		6.6	8	8.95	是	1	6.60	8.93	0.95	
5		7.6	10	9.53	否					

表 8.6 孔 14 的液化判别

柱状图	测点	贯入深度 d_{si}/m	实测值 N_i	临界值 N_{cri}	是否液化	液化土层厚度 d_i/m	中点深度 z_i/m	权函数 ω_i	i 层液化指数	液化指数
孔 14	1	1.4	3	4.20	是	1.1	1.55	10.00	3.14	8.95
	2	4.6	6	7.50	是	1.3	4.45	10.00	2.60	
	3	5.6	7	8.29	是	1	5.60	9.60	1.49	
	4	6.6	8	8.95	是	1	6.60	8.93	0.95	
	5	7.6	9	9.53	是	1.7	7.95	8.03	0.76	

表 8.7 孔 15 的液化判别

柱状图	测点	贯入深度 d_{si}/m	实测值 N_i	临界值 N_{cri}	是否液化	液化土层厚度 d_i/m	中点深度 z_i/m	权函数 ω_i	i 层液化指数	液化指数
细砂	1	1.4	3	4.20	是	1.1	1.55	10.00	3.14	12.80
粉质黏土	2	4.6	4	7.50	是	1.1	4.55	10.00	5.13	
细砂	3	5.6	6	8.29	是	1	5.60	9.60	2.65	
	4	6.6	8	8.95	是	1	6.60	8.93	0.95	
粉质黏土	5	7.6	9	9.53	是	2.1	8.15	7.90	0.92	

孔 15

±0.000
−1.000
−2.100
−4.000
−9.200
−20.00

第 8 章 工程实例分析

表 8.8 孔 4 的液化判别

柱状图	测点	贯入深度 d_{si}/m	实测值 N_i	临界值 N_{cri}	是否液化	液化土层厚度 d_i/m	中点深度 z_i/m	权函数 ω_i	i 层液化指数	液化指数
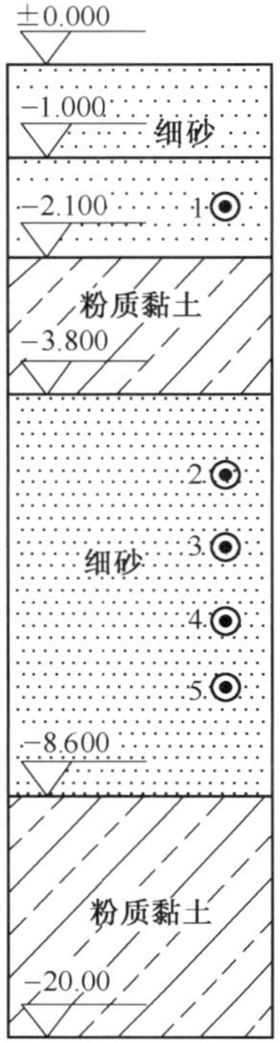	1	1.4	2	4.20	是	1.1	1.55	10.00	5.76	
	2	4.6	7	7.50	是	1.3	4.45	10.00	0.87	
	3	5.6	8	8.29	是	1	5.60	9.60	0.34	6.97
	4	6.6	10	8.95	否					
	5	7.6	11	9.53	否					

表 8.9 孔 9 的液化判别

测点	柱状图	贯入深度 d_{si}/m	实测值 N_i	临界值 N_{cri}	是否液化	液化土层厚度 d_i/m	中点深度 z_i/m	权函数 ω_i	i 层液化指数	液化指数
1		1.4	4	4.20	是	1.1	1.55	10.00	0.52	9.38
2		4.6	5	7.50	是	1.3	4.45	10.00	4.33	
3		5.6	6	8.29	是	1	5.60	9.60	2.65	
4		6.6	8	8.95	是	1	6.60	8.93	0.95	
5		7.6	9	9.53	是	2.1	8.15	7.90	0.92	

第8章 工程实例分析

表 8.10 孔 19 的液化判别

柱状图	测点	贯入深度 d_s/m	实测值 N_i	临界值 N_{cri}	是否液化	液化土层厚度 d_i/m	中点深度 z_i/m	权函数 ω_i	i 层液化指数	液化指数
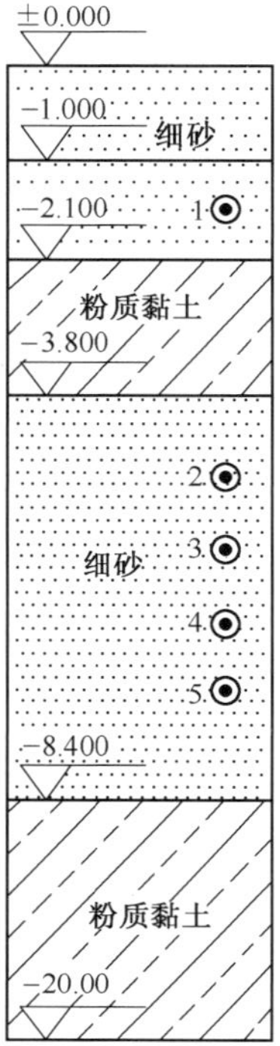	1	1.4	3	4.20	是	1.1	1.55	10.00	3.14	
	2	4.6	6	7.50	是	1.3	4.45	10.00	2.60	
	3	5.6	8	8.29	是	1	5.60	9.60	0.34	6.08
	4	6.6	10	8.95	否					
	5	7.6	11	9.53	否					

孔 19

表 8.11　3—3 剖面各孔标贯点对应的液化势

测点＼标贯点	11	12	13	14	15
1	2.56	3.52	4.27	8.95	12.80
2	2.56	3.52	4.27	5.80	9.65
3	0.36	2.85	3.60	3.20	4.52
4	0	1.36	0.95	1.71	1.87
5	0	0.42	0	0.76	0.92

表 8.12　Ⅳ—Ⅳ 剖面各孔标贯点对应的液化势

测点＼标贯点	4	9	14	19
1	6.97	9.38	8.95	6.08
2	1.21	8.85	5.80	2.94
3	0.36	4.52	3.20	0.34
4	0	1.87	1.71	0
5	0	0.92	0.76	0

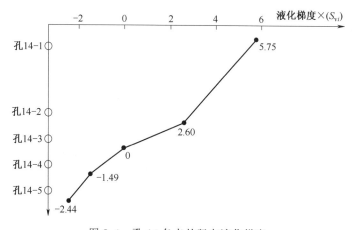

图 8.4　孔 14 各点的竖向液化梯度

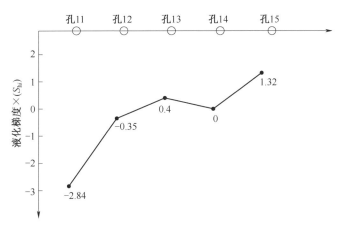

图 8.5 沿剖面 3—3 各孔对应测点 3 位置的水平液化梯度

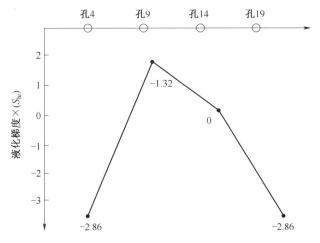

图 8.6 沿剖面 Ⅳ—Ⅳ 各孔对应测点 3 位置的水平液化梯度

5. 地基整体液化性能评估

如前所述，对于实际工程地基中任一水平或垂直剖切面，均可建立相应的液化势能面。以各孔对应测点位置 3 标高处的水平面为例说明该基准面的液化性能。按照式（7.9）～式（7.11），可分别求得对应该基准面的液化势均值 μ_{I_p}、标准差 σ 和相对标准偏差 RSD，即

$$\mu_{I_p}=1.75, \sigma=1.25$$

$$\mathrm{RSD}=\frac{\sigma}{\mu_{I_p}}\times 100\%=71\%$$

可见，该基准面尽管整体液化等级为轻微，但地基液化的波动性较大，如图 8.7 所示，地震时地基有可能出现不均匀沉降，需要加以考虑。类似地，针对垂直剖面 3—3 和Ⅳ－Ⅳ亦可建立如图 8.8 和图 8.9 所示的液化势能面，方便分析地基液化时各点侧移的大小。观察图 8.8 可以发现，沿剖面 3—3 测点 15-1 附近的水平侧移突出，而其余各点变化均平缓。由图 8.9 可知，沿剖面Ⅳ－Ⅳ水平侧移较大的区域主要集中在测点 9-2 邻近区域。

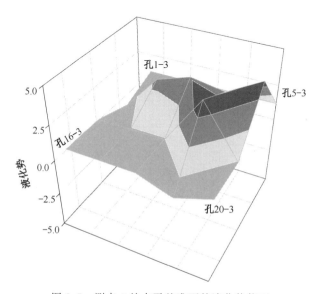

图 8.7　测点 3 处水平基准面的液化势能面

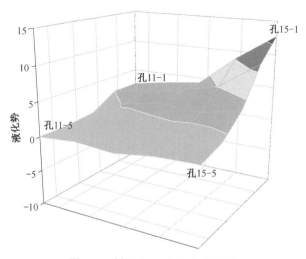

图 8.8　剖面 3—3 的液化势能面

第 8 章 工程实例分析

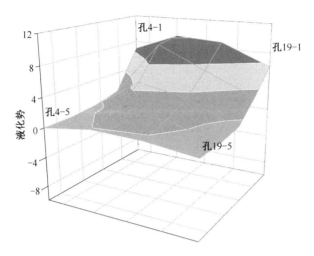

图 8.9 剖面 IV — IV 的液化势能面

第四篇

地基基础抗液化加固试验

第 9 章　地基抗液化性能试验

地震作用下饱和砂土地基发生液化从而丧失承载力，会造成地基不均匀沉降，甚至导致上部结构倾倒。因此，对地基抗液化性能的研究具有十分重要的意义，这也是岩土工程抗震领域的难点和热点问题。基于此，本章设计了一种新型的桩——孔眼式钢管桩，并设计了三个试验来研究不同加固形式地基的抗液化性能。

振动台试验是研究地基液化的一种有效的手段。本章的试验设计了三种地基模型，即纯地基模型、孔眼式钢管桩地基模型和碎石桩地基模型。针对每种模型，分别施加四种不同幅值的地震作用，观察试验过程中每种模型的宏观现象，对比分析地基土体中超孔隙水压力和加速度等参数的变化，以研究三种地基的抗液化性能。

9.1　纯地基条件下地基抗液化性能试验

9.1.1　试验概况

试验在某大学结构工程重点实验室完成，采用 2.5m×2.5m 三向六自由度双振动台系统中的 1 号振动台。单台试件最大承重 10t，水平向最大加速度 2.0g（空载 2.5g），水平向最大位移±0.125m。本次试验采用单向水平加载。

1. 试验模型装置

试验模型装置（图 9.1）为自主研发设计的土体侧向滑移式剪切模型试验箱，箱体由 9 层截面为 100mm×100mm 的方钢管组成，底板厚 10mm，侧壁钢板厚 2mm，侧壁约束钢板用螺栓连接在箱体上，可以较好地模拟土体的剪切变形。箱内土体分为黏土覆盖层和下卧饱和砂土可液化层，共两层。模型箱尺寸为 2m×2m×1.07m（净体积为 1.8m×1.8m×1.06m），内附高强 PVC 防水毡布和加厚帆布。试验前模型箱内水位深 0.7m。试验模型示意图如图 9.2 所示。

2. 测量器件布置

试验中的测量器件包括 4 个剪切型压电式加速度传感器和 4 个 HC-25 微型孔隙水压力计。加速度

图 9.1 试验模型装置

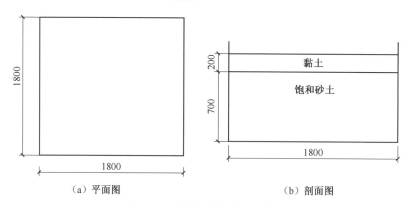

图 9.2 试验模型示意图（单位：mm）

传感器编号为 $A_1 \sim A_4$，用于测量土中的加速度。孔隙水压力计编号为 $P_1 \sim P_4$，最大量程为 0.05MPa，用于测量砂土层中不同深度处的孔隙水压力。传感器的位置如图 9.3 所示。

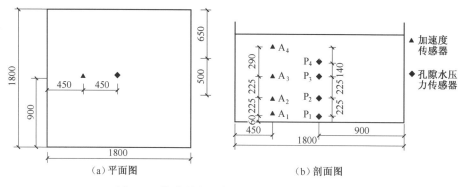

图 9.3 传感器布置位置示意图（单位：mm）

3. 加载顺序

试验加载流程如下：①工况1，正弦波，峰值加速度（PGA）为0.05g；②工况2，正弦波加载完2h后输入唐山地震波，PGA为0.148g；③工况3，唐山地震波加载完毕2h后，输入2倍调幅2002年美国阿拉斯加州Denali地震波，PGA为0.29g；④工况4，Denali地震波加载完毕2h后输入东日本地震波，PGA为0.53g。

输入的地震波加速度时程曲线如图9.4所示。

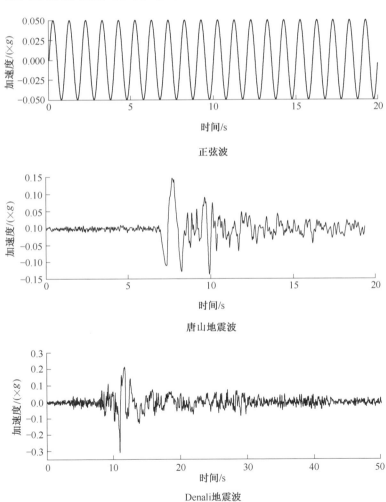

图9.4 输入的地震波加速度时程曲线

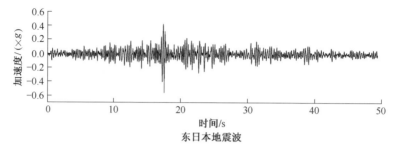

图 9.4 输入的地震波加速度时程曲线（续）

9.1.2 试验结果

1. 试验现象

从宏观试验现象来看，对应加载工况 1，整个模型装置反应轻微；对应工况 2，模型箱出现小幅度晃动，黏土层发生振动，存在一定的竖向沉降；对应工况 3，模型箱明显晃动，黏土层表面出现冒水现象；对应工况 4，模型箱剧烈晃动，黏土层表面出现透水现象（图 9.5）。

图 9.5 工况 4 加载后出现透水现象

2. 地基液化特性

不同工况下各点液化的情况可借助超孔隙水压力判定，某深度处的瞬时超孔隙水压力为该位置处的瞬时孔隙水压力减去试验前该点的初始孔隙水压力。分别以 P_1 和 P_4 处的读数为例进行分析，如图 9.6 所示，图中水平线为试验前砂土层各深度处的初始有效应力。如果该深度处的瞬时超孔隙水压力曲线超越水平参考线，表明对应位置有液化发生。由于 P_4 对应的位置较浅，各个工况加载过程中均未出现液化。底部 P_1 处，随着土体振动的增强，超孔隙水压力峰值逐渐增大。工况 3 时 P_1 处开始发生液化，P_4 处则无液化出现，说明砂土层在底部开始液化，底部土体开始丧失承载能力。尽管工况 4 的 PGA 大于工况 3 的对应

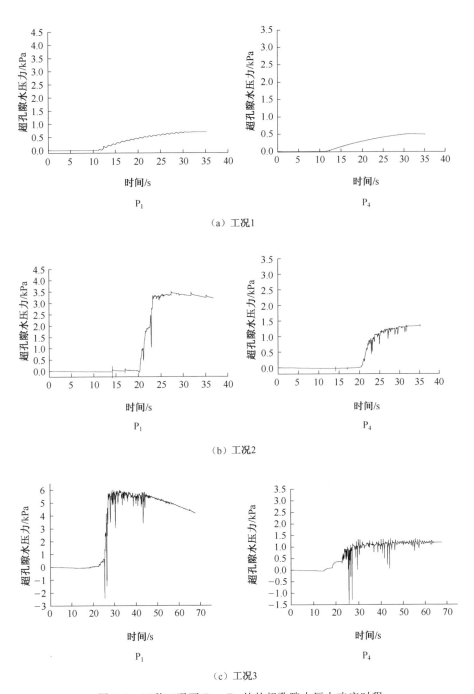

图 9.6 四种工况下 P_1、P_4 处的超孔隙水压力响应时程

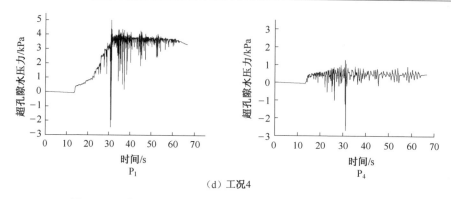

图 9.6 四种工况下 P_1、P_4 处的超孔隙水压力响应时程（续）

值，而且根据试验现场黏土层表面喷水情况分析，工况 4 的液化情况比工况 3 更严重，但是这一点未能从超孔隙水压力时程曲线上得到体现，原因在于工况 4 中土体出现喷水溢出现象。

图 9.7 中给出了不同工况下 P_1、P_4 处的超孔隙水压力峰值，如前所述，由峰值可直接判断该处土体的液化特性。总体来看，随着土体振动的增强，超孔隙水压力峰值逐渐增大，液化逐渐加剧。

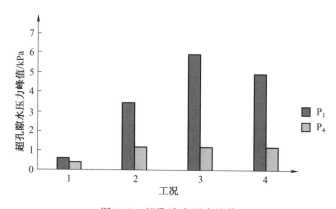

图 9.7 超孔隙水压力峰值

3. 地基土体动力反应

根据图 9.8 所示地基土的加速度时程反应可作下述分析。工况 1：模型反应轻微，各点加速度基本一致。工况 2、工况 3、工况 4：砂土中 A_3 的 PGA 最大，A_2 次之，A_1 最小，说明在砂土层中土体的加速度随埋深的减小而增大；A_4 的 PGA 小于 A_3，说明地震波在黏土层中发生衰减。

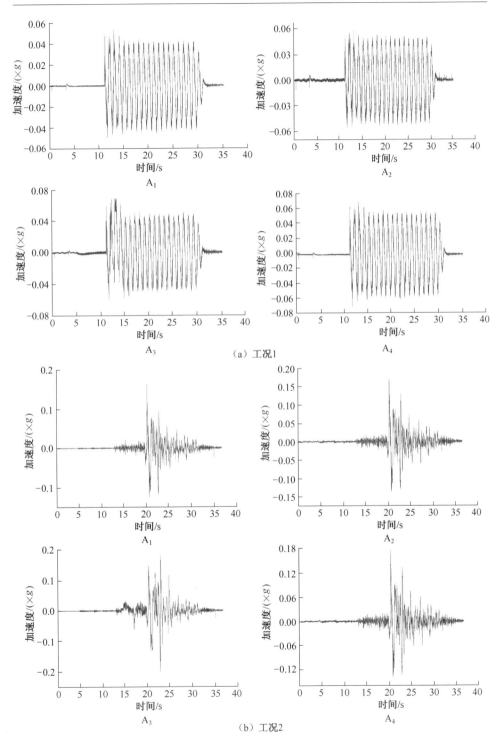

图 9.8 地基土的加速度时程曲线

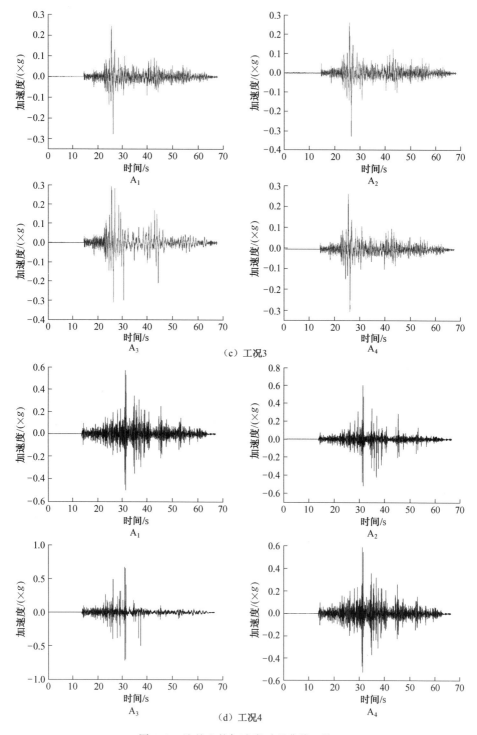

图 9.8 地基土的加速度时程曲线（续）

图 9.9 中给出了不同工况下 $A_1 \sim A_4$ 处的加速度反应峰值。对比 A_1 和 A_3 处的数值可知土体对入射地震波具有明显的放大作用。

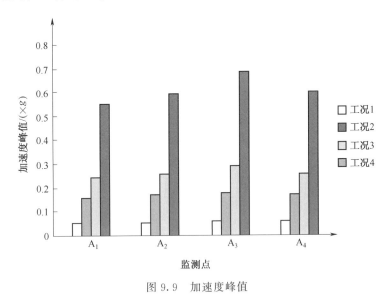

图 9.9 加速度峰值

9.2 设置碎石桩条件下地基抗液化性能试验

9.2.1 试验概况

试验在某大学结构工程重点实验室完成,振动台参数如 9.1.1 节所述。

1. 试验模型装置

试验模型装置为自主研发设计的土体侧向滑移式剪切模型试验箱,技术参数如前文所述。箱内土体分为黏土覆盖层和下卧饱和砂土可液化层,共两层。试验模型装置如图 9.10 所示,模型示意图如图 9.11 所示。

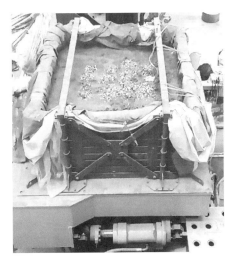

图 9.10 试验模型装置

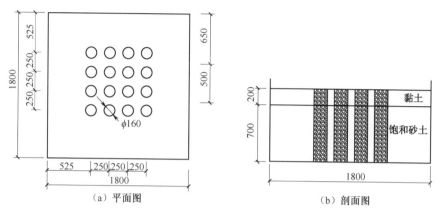

图 9.11 试验模型示意图（单位：mm）

2. 测量器件布置

试验中的测量器件包括 4 个剪切型压电式加速度传感器和 4 个 HC-25 微型孔隙水压力计。传感器参数如前文所述，布置位置如图 9.12 所示。

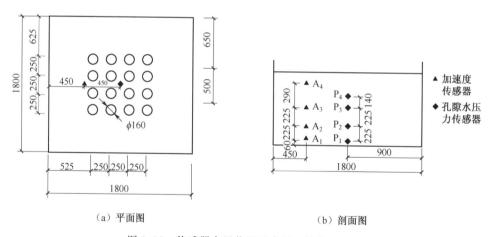

图 9.12 传感器布置位置示意图（单位：mm）

3. 加载顺序

试验加载流程如前文所述。

9.2.2 试验结果

1. 试验现象

从宏观试验现象来看，对应加载工况 1，模型箱和土体反应轻微；对应工况 2，黏土层和碎石桩发生轻微振动；对应工况 3，模型箱明显晃动，黏土层出现滑移，局部出现冒水现象，模型箱四周出现积水；对应工况 4，模型箱剧烈晃动，黏土层明显浮动并出现冒水现象，表面积水增多（图 9.13）。

2. 地基液化特性

图 9.13 工况 4 加载后

不同工况下各点液化的情况可借助各点的超孔隙水压力判定，此处以 P_1 和 P_4 处的读数为例进行分析。图 9.14 所示为四种工况下 P_1、P_4 处的超孔隙水压力时程曲线，图中水平线为试验前砂土层各深度处的初始有效应力。如果该深度处的瞬时超孔隙水压力曲线超越水平参考线，表明对应位置有液化发生。由于 P_4 对应的位置较浅，各个工况中均未出现液化。工况 3 时，底部 P_1 处开始发生液化，P_4 处则无液化出现，说明砂土层在底部开始出现液化，底部土体开始丧失承载能力。工况 4 时，下部土体液化程度进一步加剧。对于同一工况，P_1 处超孔隙水压力大于 P_4 处。对于同一位置，随着对应工况中地震振幅不断增加，土体中的超孔隙水压力也不断增大。由于碎石桩提供了排水通道，P_1 和 P_4 处超孔隙水压力达到峰值后出现下降，且 P_1 处超孔隙水压力的降低值大于 P_4 处。

图 9.15 给出了不同工况下 P_1、P_4 处的超孔隙水压力峰值，由峰值可直接判断该处土体的液化特性。分析可知，对应于工况 1 和工况 2，P_1、P_4 处的超孔隙水压力均比纯地基模型相同位置处小。

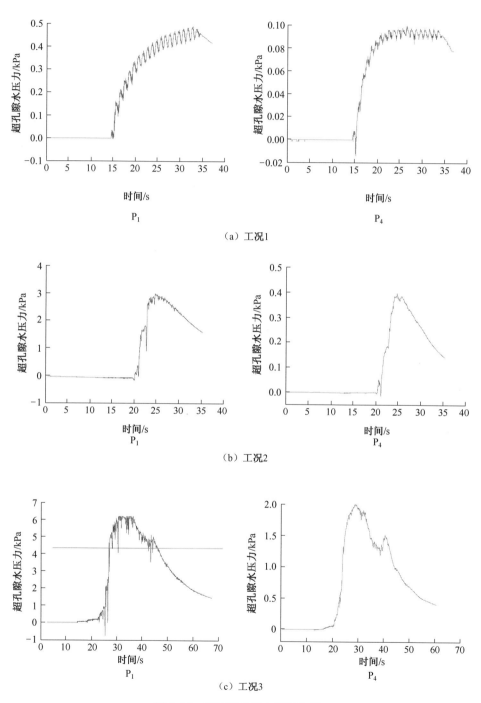

图 9.14 超孔隙水压力时程曲线

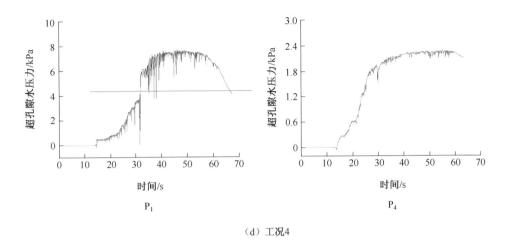

（d）工况4

图 9.14　超孔隙水压力时程曲线（续）

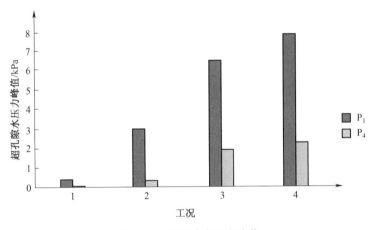

图 9.15　超孔隙水压力峰值

3. 地基土体动力反应

碎石桩地基条件下地基土的加速度时程曲线如图 9.16 所示，由图 9.16 可作下述分析。工况 1：模型反应轻微，各点加速度基本一致。工况 2、工况 3、工况 4：砂土中 A_3 的 PGA 大于 A_1，表明砂土层可以放大输入地震波；黏土层 A_4 的 PGA 小于 A_3，表明地震波在黏土层衰减。

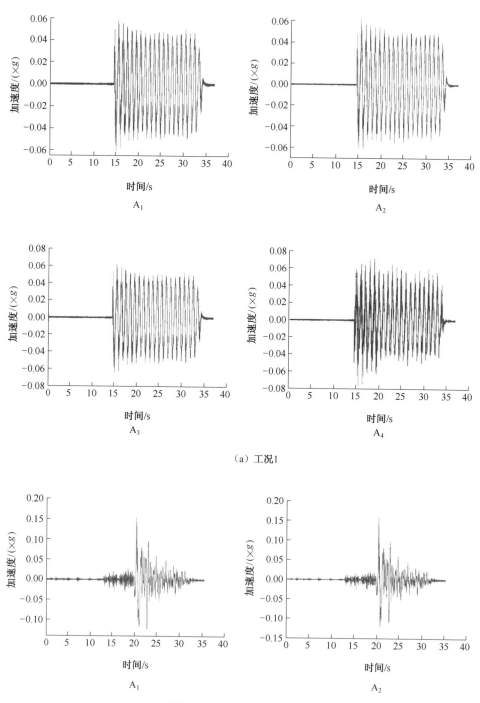

图 9.16 加速度时程曲线

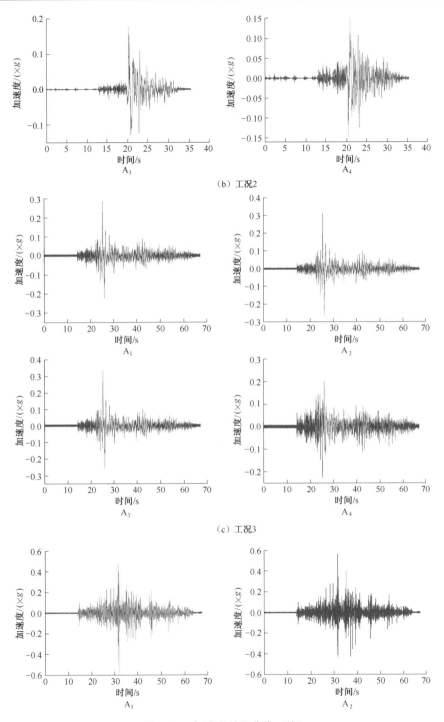

图 9.16 加速度时程曲线（续）

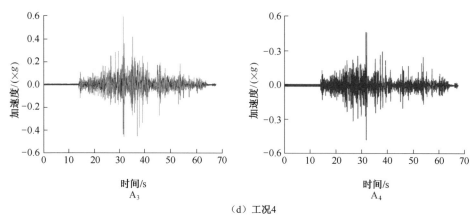

(d) 工况4

图 9.16　加速度时程曲线（续）

图 9.17 给出了不同工况下 $A_1 \sim A_4$ 处的加速度反应峰值。与纯地基模型试验相比，工况 1 时 $A_1 \sim A_4$ 处的加速度变化幅值很小，工况 2 和工况 4 时 $A_1 \sim A_4$ 处的加速度均有所减小。

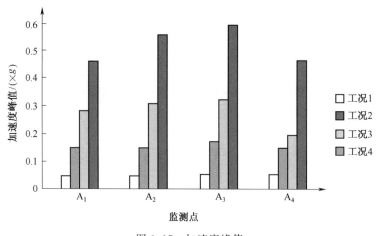

图 9.17　加速度峰值

9.3　设置孔眼式钢管桩条件下地基抗液化性能试验

9.3.1　试验概况

试验在某大学结构工程重点实验室完成，振动台参数如 9.1.1 节所述。

1. 试验模型装置

试验模型装置为自主研发设计的土体侧向滑移式剪切模型试验箱，技术参数如前文所述。箱内土体分为黏土覆盖层和下卧饱和砂土可液化层，共两层。试验模型装置如图 9.18 所示，模型示意图如图 9.19 所示。

孔眼式钢管桩直径为 160mm，由不锈钢板卷制焊接而成，内附不锈钢钢丝网片。不锈钢板厚 2mm，长×宽为 480mm × 900mm，圆孔直径为 10mm，水平间距为 50mm，竖向间距为 50mm，如图 9.20（a）所示。

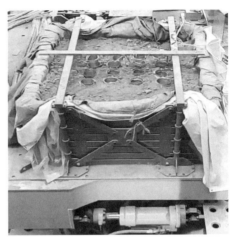

图 9.18　试验模型装置

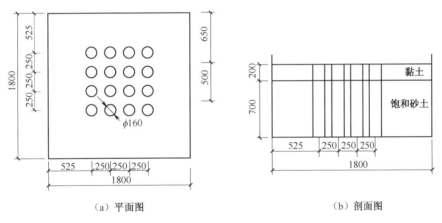

（a）平面图　　　　　　　　　　（b）剖面图

图 9.19　试验模型示意图（单位：mm）

2. 测量器件布置

试验中测量器件包括 4 个剪切型压电式加速度传感器和 4 个 HC-25 微型孔隙水压力计。传感器参数如前文所述，布置位置如图 9.21 所示。

3. 加载顺序

试验加载流程如前文所述。

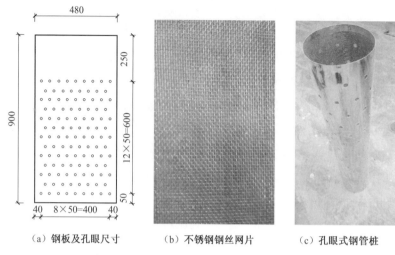

(a) 钢板及孔眼尺寸　　(b) 不锈钢钢丝网片　　(c) 孔眼式钢管桩

图 9.20　孔眼式钢管桩示意图（单位：mm）

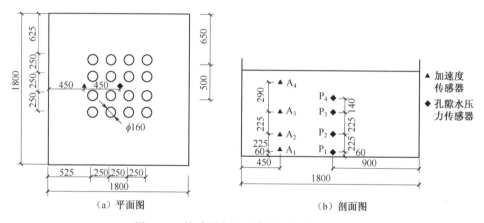

(a) 平面图　　　　　　　　　(b) 剖面图

图 9.21　传感器布置示意图（单位：mm）

9.3.2　试验结果

1. 试验现象

从宏观试验现象来看，对应加载工况1，整个模型装置反应轻微；对应工况2，黏土层轻微晃动，孔眼式钢管桩内水面轻微晃动；对应工况3，模型箱明显晃动，黏土层发生沉降，孔眼式钢管桩内水积聚，水面升高；对应工况4，模型箱剧烈晃动，黏土层发生浮动，孔眼式钢管桩内水面剧烈晃动（图9.22）。整个过程中黏土层未发生透水现象。

图 9.22 工况 4 加载后

2. 地基液化特性

不同工况下各点液化的情况可借助各点的超孔隙水压力判定，下面分别以 P_1 和 P_4 处的数值为例进行分析（图 9.23）。由于 P_4 对应的位置较浅，各个工况中均未出现液化。工况 1 和工况 2 时整个砂土层均未液化。工况 3 时底部 P_1 处随着土体振动的增强，超孔隙水压力峰值逐渐增大，开始发生轻微液化，而 P_4 处则未出现液化，说明砂土层在底部开始出现局部液化，底部土体的承载能力开始丧失。工况 4 时，由于孔眼式钢管桩内积水不断增多，液化程度较工况 3 减轻。

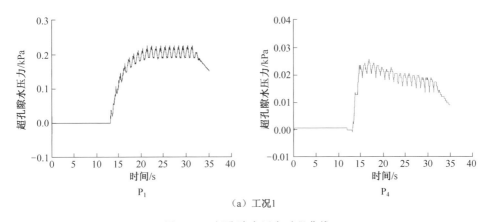

(a) 工况1

图 9.23 超孔隙水压力时程曲线

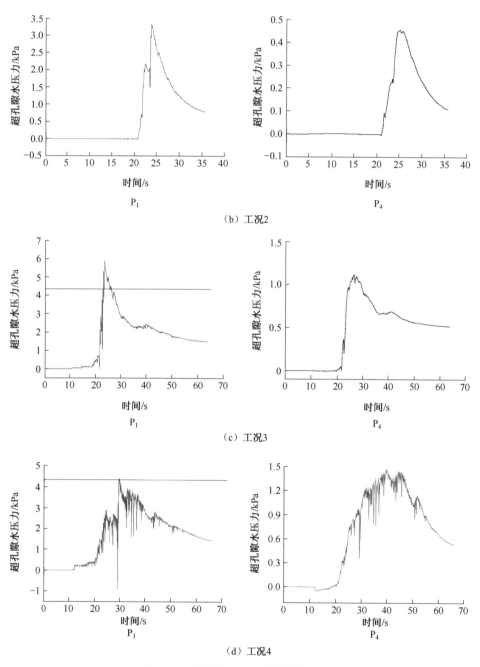

图 9.23 超孔隙水压力时程曲线（续）

图 9.24 中给出了不同工况下 P_1、P_4 处的超孔隙水压力峰值，由峰值可直

接判断该处土体的液化特性。由工况 1 到工况 4，P_1 处液化从无到有，逐渐发展，P_4 处未出现液化现象。总体来说，孔眼式钢管桩 P_1、P_4 处的超孔隙水压力比纯地基相同位置处的小，具有良好的排水作用。除了工况 4 中的 P_4，其余数值均比纯地基试验的小，进一步说明孔眼式钢管桩可以大幅降低超孔隙水压力。

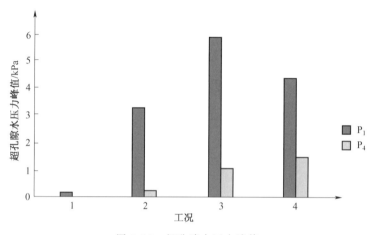

图 9.24　超孔隙水压力峰值

3. 地基土体动力反应

根据图 9.25 中地基土的加速度反应可作下述分析。工况 1：模型反应轻微，各点加速度基本一致。工况 2、工况 3、工况 4：砂土中 A_3 的 PGA 小于 A_1，说明由于在靠近孔眼式钢管桩附近的区域土体发生管涌现象，且与 A_1 处相比 A_3 处

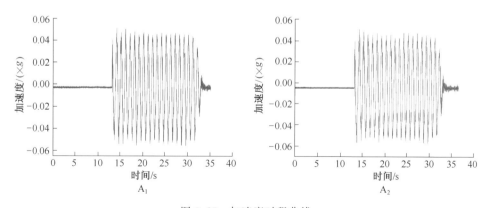

图 9.25　加速度时程曲线

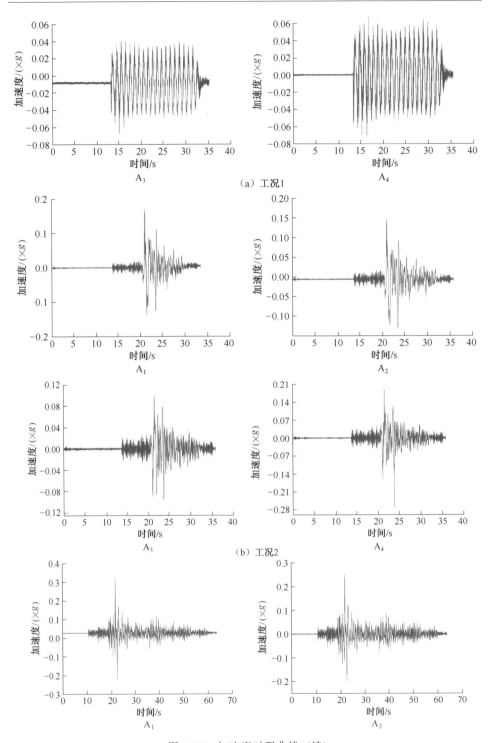

图 9.25 加速度时程曲线（续）

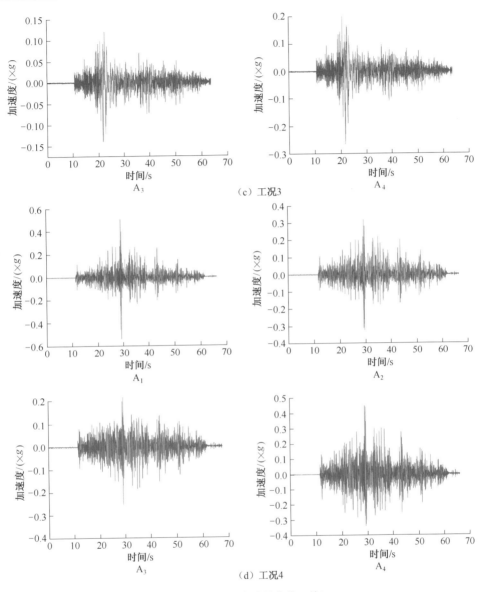

图 9.25 加速度时程曲线（续）

土体更易形成较多的渗流通道，造成土体变形模量减小，加速度值随之减小。总体上同一工况下 A_4 处加速度与 A_1 接近，说明黏土层由于黏聚力作用与模型箱底部的相对位移较小。

图 9.26 给出了不同工况下 $A_1 \sim A_4$ 处的加速度峰值。相对于纯地基模型试验数值，A_2 和 A_3 处的加速度峰值均出现不同程度的减小。

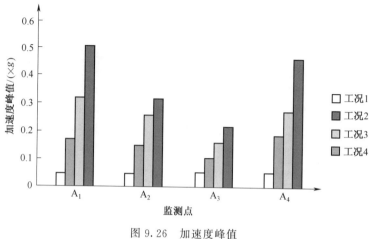

图 9.26 加速度峰值

9.4 试验结果分析

分析地基基础抗液化试验中超孔隙水压力时程曲线和加速度时程曲线可知:

1) 与纯地基试验相比,孔眼式钢管桩地基和碎石桩地基土体超孔隙水压力时程曲线均出现了先升后降的现象,表明二者均具有排水作用。

2) 总体来讲,与纯地基试验相比,碎石桩地基和孔眼式钢管桩地基土体加速度减小,表明在一定程度上碎石桩和孔眼式钢管桩可以提高地基的抗震性能。

第 10 章　桩基础抗液化加固试验

地震作用下，地基土体一旦液化继而丧失承载力，内嵌的桩基础就有可能因土体围护的缺失而发生破坏。因此，如何提高桩基础抗液化的性能一直是岩土工程抗震领域研究的热点和难点。本章设计提出了一种新型的孔眼式钢管桩群体系，结合前述的密排碎石桩围护体系研究不同措施对桩基础抗液化性能的影响，并进行对比分析。

10.1　纯地基条件下桩基础抗液化性能试验

10.1.1　试验概况

试验在某大学结构工程重点实验室完成，振动台参数如 9.1.1 节所述。

1. 试验模型装置

试验模型装置（图 10.1）为自主研发设计的土体侧向滑移式剪切模型试验

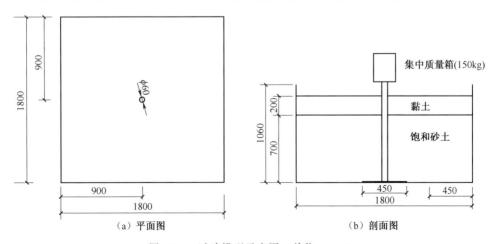

图 10.1　试验模型示意图（单位：mm）

箱，箱体技术参数如前文所述。模拟钢管桩直径、壁厚和长度分别为 6cm、2mm 和 1.15m，顶部配重为 150kg，底部有一个边长为 45cm×45cm、高度为 1cm 的钢板块（上压铁块）。

2. 测量器件布置

试验中的测量器件包括 10 个 BX120-5AA 型应变片、4 个剪切型压电式加速度传感器和 4 个 HC-25 微型孔隙水压力计。应变片编号为 $S_1 \sim S_{10}$，最大量程为 $2 \times 10^4 \mu \varepsilon$，用于测量砂土层中的桩身应变。加速度传感器编号为 $A_1 \sim A_4$，用于测量土中的加速度。孔隙水压力传感器编号为 $P_1 \sim P_4$，最大量程为 0.05MPa，用于测量砂土层中不同深度处的孔隙水压力。应变片和传感器的布置位置如图 10.2 所示。

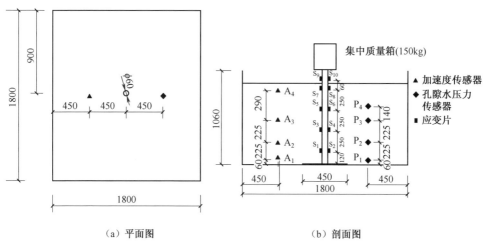

(a) 平面图　　　　　　　　(b) 剖面图

图 10.2　传感器和应变片布置位置示意图（单位：mm）

3. 加载顺序

试验加载流程如下：①工况 1，正弦波，峰值加速度（PGA）为 $0.05g$；②工况 2，正弦波加载完 2h 后输入唐山地震波，PGA 为 $0.148g$；③工况 3，唐山地震波加载完毕 2h 后将 2002 年美国阿拉斯加州 Denali 地震波调幅 2 倍输入，PGA 为 $0.29g$。相关地震波的加速度时程曲线如图 10.3 所示。

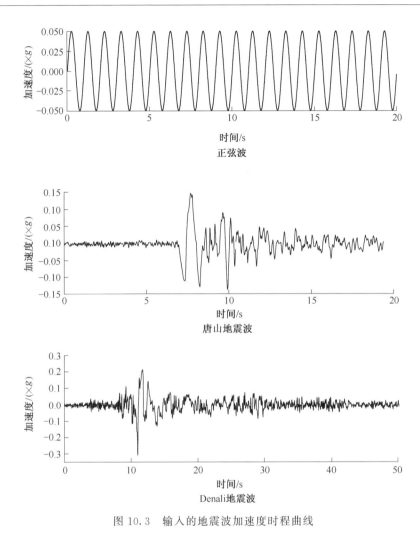

图 10.3 输入的地震波加速度时程曲线

10.1.2 试验结果

1. 试验现象

对应工况 1,试验装置反应轻微;对应工况 2,黏土层轻微晃动,桩顶振动位移明显,但振动结束后位移可恢复;对应工况 3,模型箱明显晃动,钢管桩亦大幅度摆动,桩顶位移很大,黏土层竖向沉降并出现冒水现象,水面振动明显(图 10.4)。

图 10.4　工况 3 加载后

2. 地基液化特性

不同工况下各点液化的情况可借助各点的超孔隙水压力判定，下面分别以 P_1 和 P_3 处的数值为例进行分析。图 10.5 所示为三种工况下 P_1 和 P_3 处的超孔

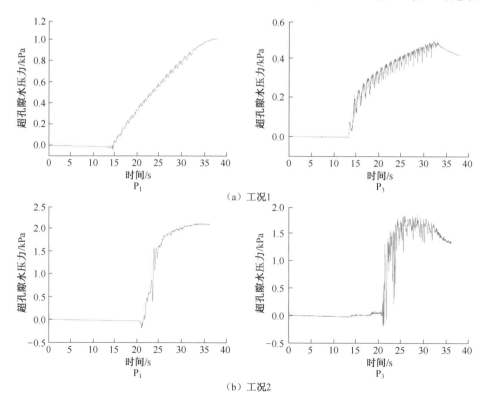

图 10.5　超孔隙水压力响应时程曲线

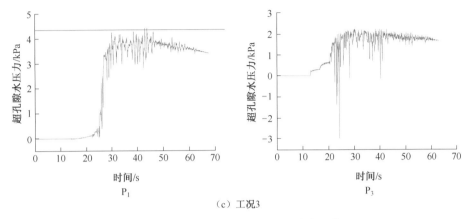

(c) 工况3

图 10.5 超孔隙水压力响应时程曲线（续）

隙水压力时程曲线，图中水平参考线为试验前砂土层各深度处的初始有效应力。地基某深度处的瞬时超孔隙水压力为该位置处的瞬时孔隙水压力减去试验前该点的初始孔隙水压力。如果该深度处的瞬时超孔隙水压力曲线超越水平参考线，表明对应位置有液化发生。由图 10.5 可知，P_3 处土体在各个工况中均未出现液化。工况 3 时，底部 P_1 处开始发生轻微液化，说明砂土层在底部开始出现局部液化，底部土体的承载能力开始丧失。

图 10.6 给出了不同工况下 P_1、P_3 处的超孔隙水压力峰值，由峰值可直接判断该处土体的液化特性。总体来看，土体超孔隙水压力随埋深的减小而降低，随着地震幅值增大，超孔隙水压力峰值逐渐增大。

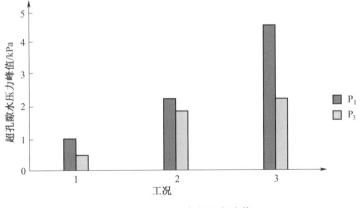

图 10.6 超孔隙水压力峰值

3. 地基土体动力反应

根据图 10.7 所示地基土的加速度时程曲线可作下述分析。工况 1：模型反应轻微，各点加速度基本一致。工况 2、工况 3：砂土中 A_3 的 PGA 大于 A_1，说明砂土层可以放大输入的地震波；黏土层 A_4 的 PGA 小于 A_3，说明地震波在黏土层衰减。

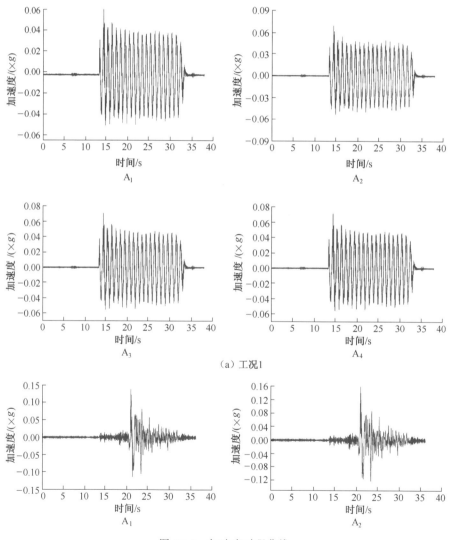

图 10.7 加速度时程曲线

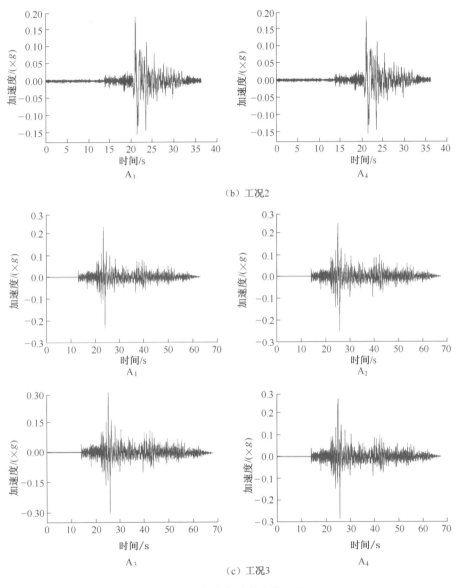

(b) 工况2

(c) 工况3

图 10.7 加速度时程曲线（续）

图 10.8 给出了不同工况下 A_1、A_2、A_3、A_4 处的加速度反应峰值。对比 A_1 和 A_3 处的数值可知砂土层对入射地震波具有一定的放大作用。对比 A_4 和 A_3 处的数值，对于工况 1 和工况 2，二者数值比较接近；对于工况 3，A_4 比 A_3 略有减小。

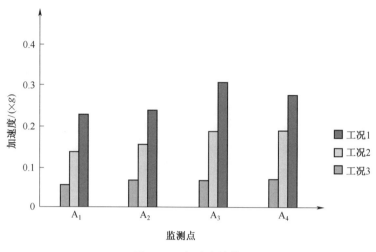

图 10.8　加速度峰值

4. 桩基的动力反应

桩基的动力反应主要通过应变片测得，见图 10.9。工况 1：由于输入的地震动强度很小，S_2、S_6、S_8 和 S_{10} 的应变值相差很小，说明土层内桩身变形很小。其余工况下，随着输入的地震动强度增大，桩身在土层内的变形明显。工况 1 和工况 2 加载完毕后桩身各点的应变消失，说明两种工况下的变形为可恢复变形。

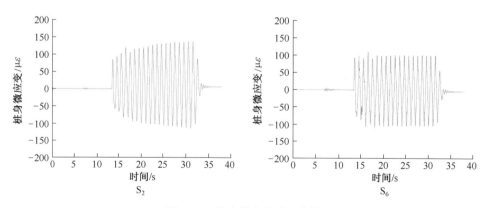

图 10.9　桩身微应变时程曲线

第 10 章 桩基础抗液化加固试验

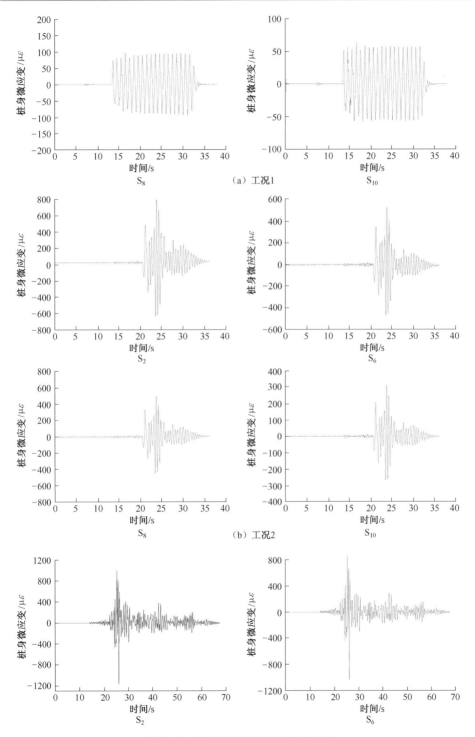

图 10.9 桩身微应变时程曲线（续）

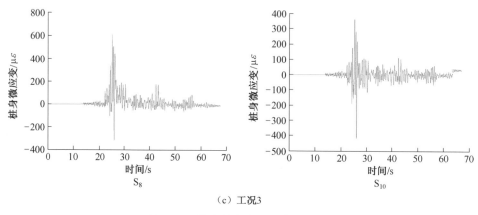

(c) 工况3

图 10.9 桩身微应变时程曲线（续）

图 10.10 给出了不同工况下 S_2、S_6、S_8 和 S_{10} 处的应变反应峰值。由于钢管桩底部铁板上压配重块约束，在水平工况作用下桩基下部的应变要大于上部。

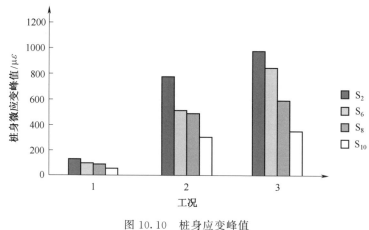

图 10.10 桩身应变峰值

10.2 碎石桩地基条件下桩基础抗液化性能试验

10.2.1 试验概况

试验在某大学结构工程重点实验室完成，振动台参数如 9.1.1 节所述。

1. 试验模型装置

试验模型装置为自主研发设计的土体侧向滑移式剪切模型试验箱,技术参数如前文所述。箱内土体分为黏土覆盖层和下卧饱和砂土可液化层两层。试验模型装置如图 10.11 所示。

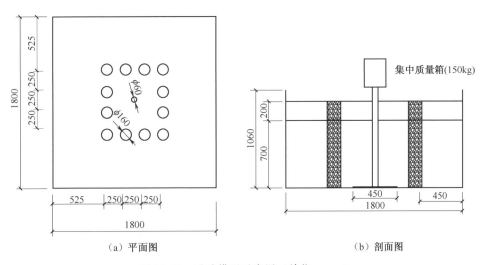

(a) 平面图　　　　　　　　　　(b) 剖面图

图 10.11　试验模型示意图(单位:mm)

2. 测量器件布置

试验中的测量器件包括 10 个 BX120-5AA 型应变片、4 个剪切型压电式加速度传感器和 4 个 HC-25 微型孔隙水压力计。传感器参数如前文所述,其布置情况如图 10.12 所示。

3. 加载顺序

试验加载流程如前文所述。

10.2.2　试验结果

1. 试验现象

对应工况 1,试验装置反应轻微;对应工况 2,黏土层和碎石桩发生轻微振

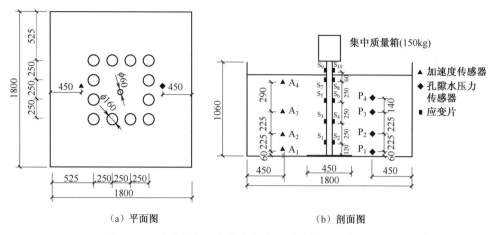

(a)平面图 (b)剖面图

图 10.12 传感器和应变片布置位置示意图（单位：mm）

动，钢管桩顶振动位移明显，但振动结束后可恢复；对应工况 3，钢管桩大幅度摆动，桩顶位移较大，黏土层局部出现冒水现象。

2. 地基液化特性

不同工况下各点液化的情况可借助各点的超孔隙水压力判定，下面分别以 P_1 和 P_3 处的数值为例进行分析（图 10.13）。对于工况 1 和工况 2，P_1 处的超孔隙水压力大于 P_3 处；对于工况 3，P_1 和 P_3 处的超孔隙水压力在时程曲线出现峰值以后均有所降低。

图 10.14 给出了不同工况下 P_1、P_3 处的超孔隙水压力峰值。如前所述，由

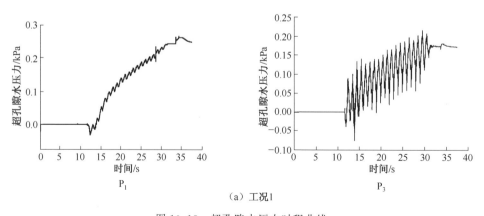

(a)工况1

图 10.13 超孔隙水压力时程曲线

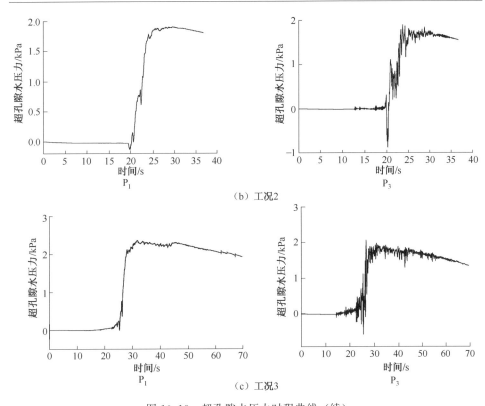

图 10.13 超孔隙水压力时程曲线（续）

峰值可直接判断该处土体的液化特性。总体来看，随着土体振动的增强，超孔隙水压力峰值逐渐增大。与纯地基桩基础抗液化试验相比，P_1、P_3 处的土体超孔隙水压力幅值均出现降低。

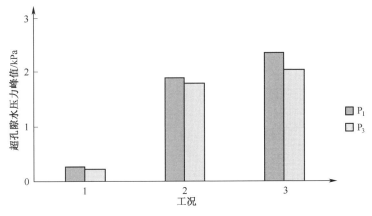

图 10.14 超孔隙水压力峰值

3. 地基土体动力反应

根据图 10.15 所示的地基土加速度时程曲线可作下述分析。工况 1：模型反

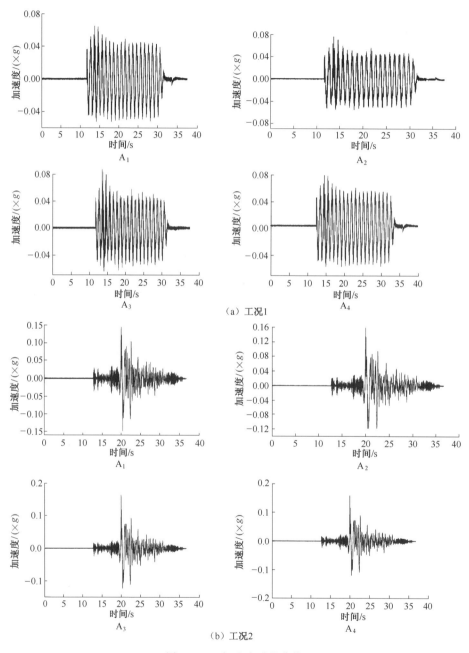

(a) 工况1

(b) 工况2

图 10.15 加速度时程曲线

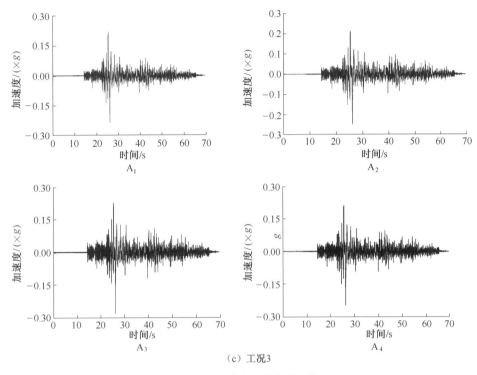

(c) 工况3

图 10.15 加速度时程曲线（续）

应轻微，各点加速度基本一致。工况 2、工况 3：砂土中 A_3 的 PGA 大于 A_1，说明砂土层可以放大输入的地震波。

图 10.16 给出了不同工况下土体的加速度反应峰值。可以看出，A_1 和 A_2 处加速度峰值与纯地基桩基础抗液化试验比较接近，A_4 处出现一定程度的降低。

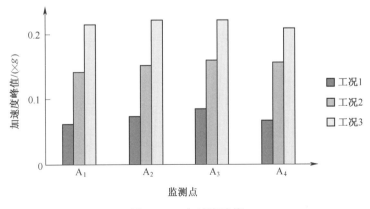

图 10.16 加速度峰值

与纯地基桩基础试验数据相比，A_3 和 A_4 处降低效果明显。

4. 桩基的动力反应

桩基的动力反应主要通过应变片测得，见图 10.17。工况 1：S_2、S_6、S_8 应变值相差很小，说明土层内桩身变形很小。其余工况下，随着输入的地震动强度

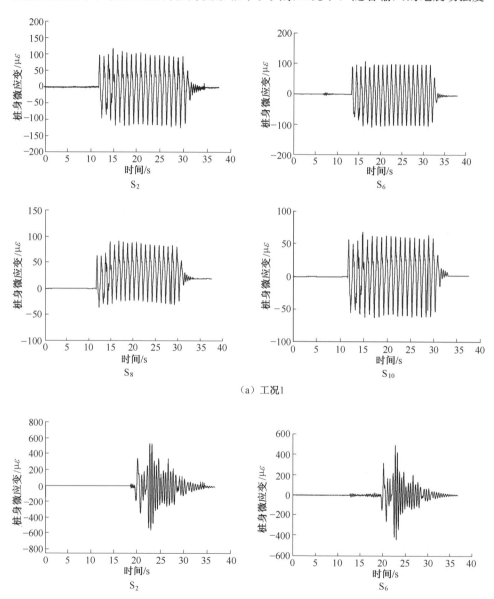

(a) 工况1

图 10.17 桩身应变时程曲线

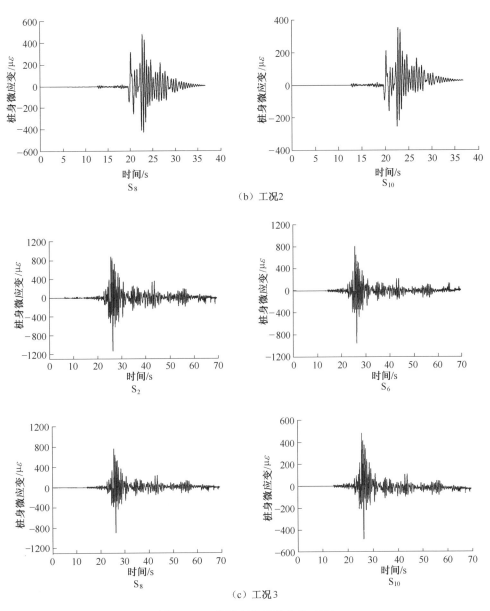

(b) 工况2

(c) 工况3

图 10.17 桩身应变时程曲线（续）

增大，桩身在土层内的变形明显。工况 1 和工况 2 加载完毕后桩身各点应变消失，说明两种工况下的变形为可恢复变形。

图 10.18 给出了不同工况下 S_2、S_6、S_8 和 S_{10} 处的应变峰值。由于钢管桩底部铁板上压配重块的约束，在水平工况作用下桩基下部的应变要大于上部。与

纯地基桩基础抗液化试验相比，S_2、S_6、S_8处桩身应变出现明显的减小。

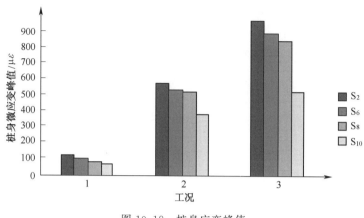

图 10.18　桩身应变峰值

10.3　孔眼式钢管桩地基条件下桩基础抗液化性能试验

10.3.1　试验概况

试验在某大学结构工程重点实验室完成，振动台参数如 9.1.1 节所述。

1. 试验模型装置

试验模型装置为自主研发设计的土体侧向滑移式剪切模型试验箱，技术参数如前文所述。箱内土体分为黏土覆盖层和下卧饱和砂土可液化层两层。试验模型装置如图 10.19 所示。孔眼式钢管桩技术参数如 9.3 节所述。

2. 测量器件布置

试验中的测量器件包括 10 个 BX120-5AA 型应变片、4 个剪切型压电式加速度传感器和 4 个 HC-25 微型孔隙水压力计。传感器参数如前文所述，其布置情况如图 10.20 所示。

3. 加载顺序

试验加载流程如前文所述。

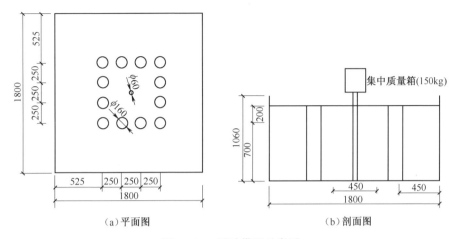

图 10.19　试验模型示意图

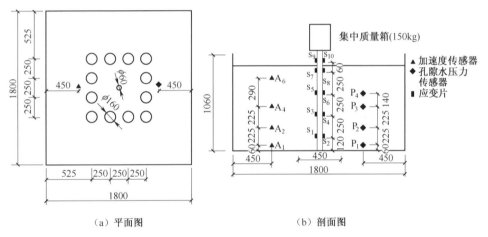

图 10.20　传感器和应变片的布置位置示意图（单位：mm）

10.3.2　试验结果

1. 试验现象

对应工况 1，试验装置反应轻微；对应工况 2，桩顶发生短时晃动，振动结束后可恢复，黏土层发生轻微晃动，孔眼式钢管桩内水面发生小幅度晃动；对应工况 3，黏土层出现明显沉降，孔眼式钢管桩内水位上升，钢管桩亦大幅度摆动，桩顶位移很大。

2. 地基液化特性

不同工况下各点液化的情况可借助各点的超孔隙水压力判定，下面分别以 P_1 和 P_3 处的读数为例进行分析（图 10.21）。P_3 处在各工况中均未出现液化。工况 4 时底部 P_1 处开始发生液化。对于同一位置，由工况 1 到工况 3，土体超孔隙水压力不断增大。由于孔眼式钢管桩提供了通畅的排水通道，P_1 和 P_3 处的超孔隙水压力达到峰值后出现下降，且 P_1 处的超孔隙水压力降低值大于 P_3 处。

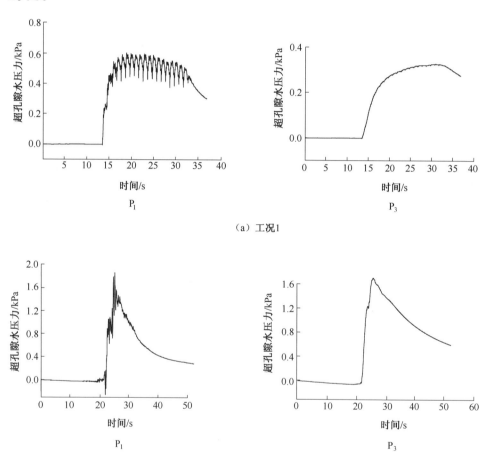

图 10.21 超孔隙水压力时程曲线

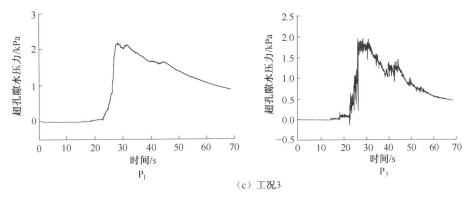

图 10.21 超孔隙水压力时程曲线（续）

图 10.22 给出了不同工况下 P_1、P_3 处的超孔隙水压力峰值。如前所述，由峰值可直接判断该处土体的液化特性。总体来看，P_1、P_3 处的超孔隙水压力幅值均出现降低，是因为孔眼式钢管桩提供了畅通的排水通道，地基液化程度得以减轻。

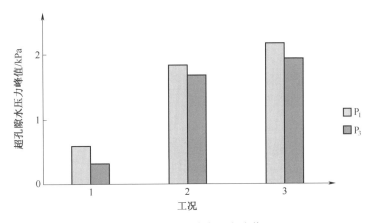

图 10.22 超孔隙水压力峰值

3. 地基土体动力反应

根据图 10.23 所示地基土的加速度反应可作下述分析。工况 1：模型反应轻微，各点加速度基本一致。工况 2、工况 3：砂土中 A_3 的 PGA 小于 A_1，说明由于靠近孔眼式钢管桩附近的区域土体发生管涌现象，且与 A_1 处相比 A_3 处土体更易形成较多的渗流通道，造成土体变形模量减小，加速度值随之减小。

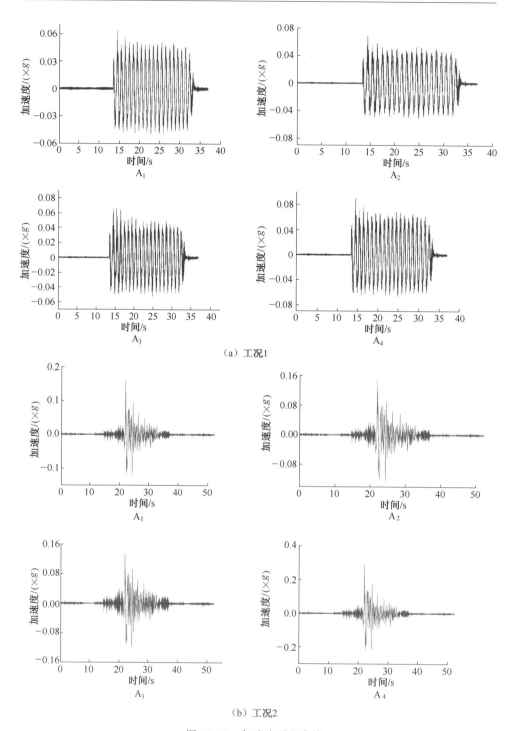

图 10.23 加速度时程曲线

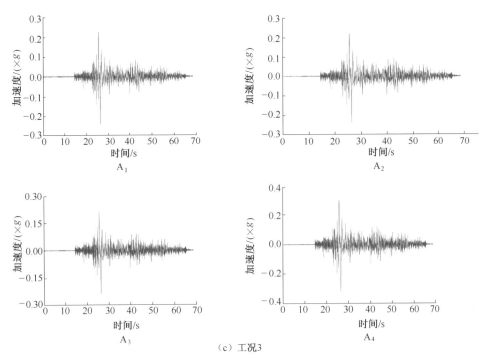

（c）工况3

图10.23 加速度时程曲线（续）

图10.24给出了不同工况下土体的加速度反应峰值。对比A_1和A_3处的数值，可知孔眼式钢管桩加固的地基相对于纯地基桩基础在饱和砂土层对输入的地震波有缩减作用。A_2和A_3处的加速度幅值均比纯地基桩基础抗液化试验中小，说明孔眼式钢管桩加固地基在土层中部具有明显降低地基动力响应的特性。

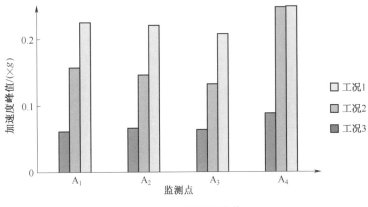

图10.24 加速度峰值

4. 桩基的动力反应

桩基的动力反应主要通过应变片测得,见图 10.25。对应工况 1,由于输入的地震动强度很小,S_2、S_6、S_8 和 S_{10} 应变值相差很小,表明土层内桩身变形很小。对应其余工况,随着输入的地震动强度增大,桩身在土层内的变形更为明显。工况 1 和工况 2 加载完毕后桩身各点的应变消失,说明两种工况下桩身的变形属可恢复变形。

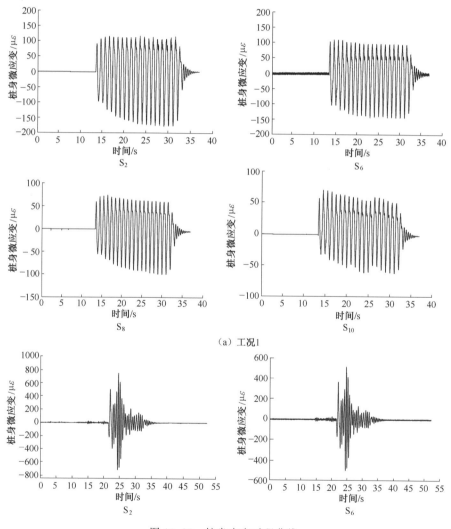

图 10.25 桩身应变时程曲线

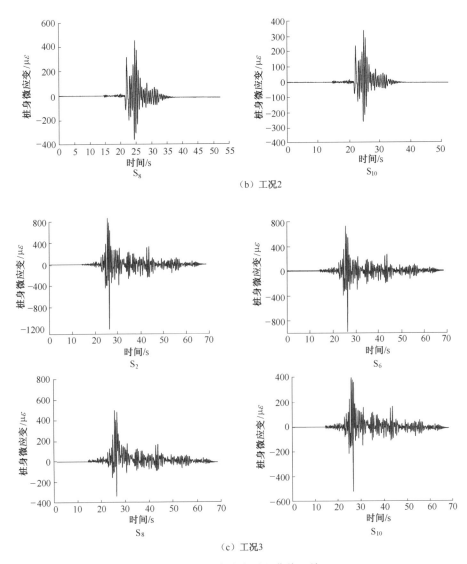

(b) 工况2

(c) 工况3

图 10.25 桩身应变时程曲线（续）

图 10.26 给出了不同工况下 S_2、S_6、S_8 和 S_{10} 处的应变峰值。由于钢管桩底部铁板上压配重块的约束，在水平工况作用下桩基下部的应变要大于上部。与纯地基桩基础抗液化试验相比，S_2、S_6、S_8 处桩身应变数值均出现不同程度的降低。

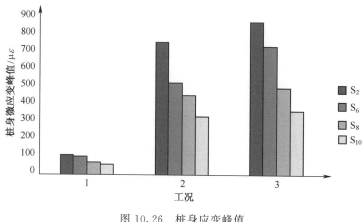

图 10.26　桩身应变峰值

10.4　试验结果分析

分析桩基础抗液化试验超孔隙水压力时程曲线、加速度时程曲线和桩身应变时程曲线可知：

1) 孔眼式钢管桩地基和碎石桩地基土体超孔隙水压力时程曲线均出现了先升后降的现象，说明二者均具有排水作用。

2) 总体来讲，碎石桩地基和孔眼式钢管桩地基土体加速度幅值小于纯地基，说明碎石桩和孔眼式钢管桩可以在一定程度上提高桩基的抗震性能。

3) 在地震过程中孔眼式钢管桩地基和碎石桩地基均可以降低桩身应变值，说明二者均可以减轻桩基的动力反应。

第五篇

研究成果总结

第 11 章 本书主要研究成果

11.1 地基液化性能鉴定新技术小结

1. 关键技术内容

本书基于场地液化程度空间差异性分析，提出和形成了地震作用下重要建筑地基基础抗液化性能鉴定评估新技术，并进行了建筑场地的液化风险分析。

土体的有效应力实质反映的是土体骨架颗粒之间的接触压力，因此当有效应力趋近于零时意味着土体颗粒之间逐渐脱离接触，直至悬浮于液态水中，表现出流体一类的变形特征。物质在固体状态具有抗剪强度，在液体状态下则不具有抗剪强度。地基土体一旦有液化趋势或发生液化，就会部分或者完全丧失承载力，无法承受上部建筑结构传来的荷载，安全风险极大。因此，对地基土体进行液化性能鉴定具有重要的意义。

依据规范，目前地基液化的评判方法主要分为两类，即初判和细判。初判主要结合土的地质条件、粒径参数、地下水位和地基埋深条件等进行判定，在分析认为有可能发生液化的基础上进一步细判。细判主要采取现场标准贯入试验（SPT）方法，并借用液化指数评估地基的液化程度。从实际工程应用来看，常规的地基液化评判方法是记录标准贯入试验的锤击数，然后引入液化指数评定液化等级。该方法虽然简单易懂，但是液化指数的计算以孔为单位进行，不够细化，而且无法进行地基液化性能的三维空间差异性分析，继而难以评估地基不同方位的沉降或侧移发展趋势，无法反映地基整体的液化性能。

基于此，本书提出了一种可用于地基液化性能评估的多维变尺度分析方法。一方面，它可以将地基液化性能的评定计算由孔细化到测点；另一方面，可以沿地基任意方位作剖切面，不限于水平或铅垂面，均可进行地基液化性能的三维空间差异性分析。

2. 创新性

(1) 将液化的评定由孔细化到点

传统液化指数法的分析建立在测孔的基础上,而本书提出的基于液化梯度分析的地基液化性能多维变尺度评估分析法针对各点定义液化势,将液化的分析细化到测点。

(2) 液化梯度多维分析

按照传统的液化指数法,在根据测试数据进行场地整体液化性能评价之后,实际上对于场地的液化性能分析还不够充分。如果要指导未来液化地基的加固处理,还应分析地基液化的空间差异性。本书提出的多维变尺度评估分析法可以有效实现这一点。

3. 成果推广应用

在地震作用下,饱和砂土或粉土地基有可能发生液化从而丧失承载力,这种情况一旦出现,不仅会造成地基不均匀沉降,而且很可能导致上部结构倾斜乃至倒塌。传统的地基液化指数法是通过少数几个孔的测试数据评估整个地基的液化程度。实际工程中地基土体不同位置的液化程度存在差异,有时差异很大。利用本书提出的地基液化性能多维变尺度评估分析方法,可以结合任意水平剖面或垂直剖面液化势的变化规律进行地基三维空间液化差异性分析,并进一步推动地基的抗液化性能鉴定评估技术的发展。通过该方法能够直观描绘地基液化的整体趋势和空间差异,为后续液化地基的加固处理提供重要依据,具有重要的参考价值。

11.2 地基基础抗液化加固新技术小结

1. 关键技术内容

基于场地的液化风险评估分析,书中提出了地震作用下重要建筑地基基础抗液化加固方法。

在地震作用下,一旦饱和砂土地基或粉土地基发生液化从而丧失承载力,会造成地基不均匀沉降，导致上部结构倾斜甚至倒塌，极为危险，因此研究地基基础的抗液化具有十分重要的意义，这也是岩土工程抗震领域研究的难点和热点。基于此，本书设计了一种新型的孔眼式钢管桩群体系，并进行了试验研究：

1）分别针对液化地基和液化地基中的桩基进行了加固方案研究。

2）针对待加固地基和欲保护的桩基，设计了两个系列共六个振动台试验验证孔眼式钢管桩群体系的有效性，即纯地基条件、碎石桩地基条件、孔眼式钢管桩地基条件下地基抗液化性能试验以及纯地基条件、碎石桩地基条件、孔眼式钢管桩地基条件下的桩基础抗液化性能试验。

通过分析地基土体中的有效应力、孔隙水压力和桩基变形的基本规律，得出了一些重要结论：在纯地基条件下，孔眼式钢管桩和碎石桩都具有良好的加固地基的效果，可以提高地基的抗震性能。其中，孔眼式钢管桩排水性能明显优于碎石桩；在桩基础条件下，孔眼式钢管桩的加固和排水性能都优于碎石桩。综上所述，孔眼式钢管桩的排水性能优于传统的碎石桩，可以提高地基的抗液化性能和桩基的抗震性能。

2. 创新性

1）研究设计了一种新型孔眼式钢管桩群体系，用于解决地基抗液化加固问题。通过一系列试验对比分析，研究了该体系的有效性。试验说明，碎石桩对于提高地基的抗液化性能是有效的，然而孔眼式钢管桩与之相比体现出了更为卓越的抗液化性能。

2）提出了一种基于孔眼式钢管桩群体系的地基抗液化加固新技术。试验表明，相较于碎石桩，该体系排水效果显著，可以有效增强地基土体的排水性能，从而提高地基的抗液化能力，为既有建筑地基的抗液化加固提供了新的技术途径。

3）提出了一种基于孔眼式钢管桩群的桩基础抗震加固新技术。在桩基础周围设置密排孔眼式钢管桩群，可以加强桩基础周围局部地基土体的排水性能，同时兼具挤密桩间土的作用，从而抑制桩基础周围土体的液化程度，达到保护桩基础的目的。

3. 成果推广应用

地震作用下，地基土体一旦液化继而丧失承载力，内嵌的桩基础就有可能因土体围护的缺失而发生破坏。作为一种地基基础抗液化加固的新技术，书中针对设计的孔眼式钢管桩群体系进行了试验研究，通过对比分析试验中获得的各种参数，发现孔眼式钢管桩能够有效增强地震作用下地基土体的排水性能，提高地基的抗液化能力，且明显优于传统的碎石桩。同时，密排孔眼式钢管桩群体系还具有挤密桩间土的作用，可以进一步提高地基的加固性能。综合考虑各方面因素，孔眼式钢管桩群体系不仅具有挤密效应，而且具有很好的排水性能，在地基抗液化加固方面有卓越的表现，将具有较好的应用前景，可为既有建筑地基的抗液化加固提供一条新的技术途径。

参 考 文 献

[1] Peng F. The success of the prediction of Haicheng earthquake and the negligence of the Tangshan earthquake [J]. Engineering Sciences, 2008, 6 (2): 9-18.

[2] 王维铭, 袁晓铭, 孟上九, 等. 汶川 M_s 8.0 级大地震中成都地区液化特征研究 [J]. 地震工程与工程振动, 2011, 31 (4): 137-142.

[3] 曹振中, 袁晓铭, 陈龙伟, 等. 汶川大地震液化宏观现象概述 [J]. 岩土工程学报, 2010 (4): 645-650.

[4] 刘如山, 林均歧, 郭恩栋. 日本新潟中越地震简况及抗震救灾的经验教训 [J]. 自然灾害学报, 2005, 14 (2): 140-146.

[5] Seed H B, Lee K L. Liquefaction of saturated sands during cyclic loading [J]. Journal of the Soil Mechanics and Foundation Dividion, ASCE, 1966 (6): 105-134.

[6] Liam Finn W D, Lee K W, Martin G R. An effective stress model for liquefaction [J]. Journal of the Geotechnical Engineering Division, 1977, 103 (6): 517-533.

[7] 马斯洛夫. 实用土力学 [M]. 北京: 地质出版社, 1958.

[8] Casagrande A. Liquefaction and cyclic deformation of sands, a critical review [C] //Proceedings of 5th Pan-American Conference on Soil Mechanics and Foundation Engineering. Buenos Aires, Argentina, 1975.

[9] Huang W X. Investigation on stability of saturated soil foundation and slope against liquefaction [C] // Proceedings of 5th International Conference of Soil Mechanics and Foundation Engineering, 1961.

[10] 汪闻韶. 土体液化与极限平衡和破坏的区别和关系 [J]. 岩土工程学报, 2005, 27 (1): 1-10.

[11] 刘颖, 同筠, 齐心. 循环荷载作用下饱和砂土的液化破坏 [J]. 岩土工程学报, 1982, 4 (2): 1-13.

[12] 徐志英, 沈珠江. 地震液化的有效应力二维动力分析方法 [J]. 河海大学学报（自然科学版）, 1981 (3): 4-17.

[13] 周健, 史旦达, 吴峰, 等. 基于数字图像技术的砂土液化可视化动三轴试验研究 [J]. 岩土工程学报, 2011 (1): 81-87.

[14] 周健, 杨永香, 贾敏才, 等. 细粒含量对饱和砂土液化特性的影响 [J]. 水利学报, 2009 (9): 8-10.

[15] 周健, 杨永香, 刘洋, 等. 循环荷载下砂土液化特性颗粒流数值模拟 [J]. 岩土力学, 2009, 30 (4): 1083-1088.

[16] 刘汉龙, 周云东, 高玉峰. 砂土地震液化后大变形特性试验研究 [J]. 岩土工程学报, 2002, 24 (2): 142-146.

[17] 刘汉龙, 陈育民. 动扭剪试验中砂土液化后流动特性分析 [J]. 岩土力学, 2009, 30 (6): 1537-1541.

[18] 刘汉龙, 曾长女, 周云东. 饱和粉土液化后变形特性试验研究 [J]. 岩土力学, 2007, 28 (9):

1866-1870.

[19] 曾凡振,侯建国,李扬.中美抗震规范地基土液化判别方法的比较研究[J].建筑结构学报,2010(s2):309-314.

[20] 蔡国军,刘松玉,童立元,等.基于静力触探测试的国内外砂土液化判别方法[J].岩石力学与工程学报,2008,27(5):1019-1027.

[21] 任红梅,吕西林,李培振.饱和砂土液化研究进展[J].地震工程与工程振动,2007,27(6):166-175.

[22] 陈国兴,孔梦云,李小军,等.以标贯试验为依据的砂土液化确定性及概率判别法[J].岩土力学,2015,36(1):9-27.

[23] 路江鑫,孙立强,曲京辉,等.地震荷载作用下饱和粉土地基液化深度试验研究[J].地震工程学报,2014,36(3):544-548.

[24] 张继红,顾国荣.双桥静力触探法判别上海薄夹层黏土地基液化研究[J].岩土学报,2005,26(10):1652-1656.

[25] 许明军,方磊,姜在田.碎石桩处理液化地基抗液化研究现状及存在的问题[J].防灾减灾工程学报,2003,23(3):99-104.

[26] 周元强,白闰平,邵勤,等.碎石桩复合地基的液化判别方法[J].水利水运工程学报,2014(5):87-94.

[27] 卢红前,孙一帆,束加庆,等.基于场地超孔隙水压比的碎石桩复合地基抗液化判别方法[J].特种结构,2017(2).

[28] 郑建国.碎石桩复合地基液化判别方法的探讨[J].工程勘察,1999(2):5-7.

[29] 中华人民共和国国家标准.建筑地基基础设计规范(GB 50007—2011)[S].北京:中国建筑工业出版社,2011.

[30] Parra E, Yang Z H, Adalier K. Numerical analysis of embankment foundation liquefaction countermeasures [J]. Journal of Earthquake Engineering, Imperial College Press, 2002, 6 (4): 447-471.

[31] 中华人民共和国行业标准.建筑地基处理技术规范(JGJ 79—2012)[S].北京:中国建筑工业出版社,2012.

[32] Hughes J M O, Withers N J. Reinforcing of soft cohesive soils with stone columns [J]. Ground Engineering, 1974 (7): 42-49.

[33] Greenwood D A. Discussion on vibroflotation compaction in non-cohesive soils [J]. Ground Treatment by Deep Compaction, ICE, London, 1976.

[34] 林本海,谢定义.复合地基的液化检验理论及其应用[M].北京:中国水利水电出版社,1999.

[35] 刘松玉,方磊,胡雪辉.干振碎石桩加固液化地基试验研究[J].工程地质学报,2000,8(4):488-492.

[36] 缪林昌,殷宗泽,刘松玉.非饱和膨胀土强度特性的常规三轴试验研究[J].东南大学学报(自然科学版),2000,30(1):121-125.

[37] 刘松玉，方磊，李仁民. SASW 法在液化地基加固处理中的应用研究 [J]. 东南大学学报（自然科学版），2000，30（5）：86-90.

[38] 缪林昌，刘松玉，朱志铎，等. 数值模拟法确定饱和土强夯施工参数 [J]. 岩土工程学报，2000，22（4）：408-411.

[39] 高彦斌，叶观宝，徐超，等. 一种新的碎石桩法处理液化粉土地基的设计方法 [J]. 土木工程学报，2005，38（5）：77-81.

[40] Seed H B, Booker J R. Stabilization of potenially liquefialle sand deposits using gravel drains systems [R]. University of California，1976，516-517.

[41] 王士风，王余庆. 地基与工业建筑抗震 [M]. 北京：地震出版社，1984.

[42] 徐志英. 用砾石排水桩抗地震液化的砂基孔压计算 [J]. 地震工程与工程振动，1992，12（4）：88-92.

[43] Baez, J I. A design model for the reduction of soil liquefaction by vibro-stone columns [D]. University of Southern California，Los Angeles，CA，1995.

[44] Adalier K, Pamuk A, Zimmie T F. Seismic rehabilitation of coastal dikes by sheet-pile enclosures [J]. International Journal of Offshore & Polar Engineering，2003，13（3）：175-181.

[45] Finn W D L, Fujita N. Piles in liquefiable soils: seismic analysis and design issues [J]. Soil Dynamics and Earthquake Engineering，2002，22（9）：731-742.

[46] Bhattacharya S, Madabhushi S P G, Bolton M D. Analternative mechanism of pile failure in liquefiable deposits during earthquakes [J]. Geotechnique，2005，55（3）：259-263.

[47] 何剑平，陈卫忠. 桩-土复合地基抗液化数值试验分析 [J]. 工程力学，2012，11（29）：175-190.

[48] 刘惠珊. 桩基震害及原因分析——日本阪神大地震的启示 [J]. 工程抗震，1999（1）：37-43.

[49] 张克绪，谢君斐，等. 桩的震害及其破坏机制宏观研究 [J]. 世界地震工程，1991（2）：7-12.

[50] 张建民. 水平地基液化后大变形对桩基础的影响 [J]. 建筑结构学报，2001，22（5）：75-78.

[51] Ishihara K, Terzaghi O. Geotechnical aspects of the 1995 Kobe earthquake [C]. Proceedings of IC-SMFE，Hamburg，1997：2047-2073.

[52] Tokimatsu K, Mizuno H, Kakurai M. Building damage associated with geotechnical problems [J]. Soils Found，Spec. Issue，1996：219-234.

[53] Tokimatsu K, Asaka Y. Effects of liquefaction-induced ground displacements on pile performance in the 1995 Hyogoken-Nanbu earthquake [J]. Soils and Foundations，Special issue，1998：163-177.

[54] Tokimatsu K, Suzuki H. Pore water pressure response around pile and its effects on p-y behavior during soil liquefaction [J]. Soils and Foundations，2004，44（6）：101-110.

[55] Tokimatsu K, Suzuki H, Sato M. Effects of inertial and kinematic interaction on seismic behavior of pile with embedded foundation [J]. Soil Dynamics and Earthquake Engineering，2005（25）：753-762.

[56] Tamura S, Suzuki Y, Tsuchiya T. Dynamic response and failure mechanisms of a pile foundation during soil liquefaction by shaking table test with a large scale laminar shear box [C]. 12th World Con-

gress on Earthquake Engineering, Auckland, New Zealand, 2000.

[57] 吕西林, 陈跃庆, 陈波, 等. 结构-地基动力相互作用体系振动台模拟试验研究 [J]. 地震工程与工程振动, 2000, 20 (4): 20-29.

[58] Yao S, Nogami T. Lateral cyclic response of piles in viscoelastic Winkler subgrade [J]. J. Eng. Mech., 1994, 120 (4): 758-775.

[59] Chau K T, Shen C Y, Guo X. Nonlinear seismic soil-pile-structure interactions: shaking table tests and FEM analyses [J]. Soil Dynamics and Earthquake Engineering, 2009 (29): 300-310.

[60] Chang B J, Hutchinson T C. Tracking the dynamic characteristics of a nonlinear soil-pile system in multi-layered liquefiable soils [J]. Soil Dynamics and Earthquake Engineering, 2013 (49): 89-95.

[61] 杨润林, 乔春明, 等. 地震激励下冻土-液化土-单桩共同作用试验研究 [J]. 岩土工程学报, 2014, 36 (4): 612-617.

[62] 赵如意. 碎石桩加固高速铁路液化土地基振动台试验研究 [D]. 成都: 西南交通大学, 2006.

[63] 凌贤长, 王臣, 王志强, 等. 自由场地基液化大型振动台模型试验研究 [J]. 地震工程与工程振动, 2003, 23 (6): 138-143.

[64] 凌贤长, 唐亮, 于恩庆. 液化场地地震振动孔隙水压力增长数值模拟的大型振动台试验及其数值模拟 [J]. 岩石力学与工程学报, 2006, 25 (2): 3998-4003.

[65] 唐亮, 凌贤长, 徐鹏举. 液化场地桥梁群桩-独柱墩结构地震反应振动台试验研究 [J]. 土木工程学报, 2009, 42 (11): 102-108.

[66] 袁晓铭, 李雨润, 孙锐. 地面横向往返运动下可液化土层中桩基响应机理 [J]. 土木工程学报, 2008, 41 (9): 102-109.

[67] 李雨润, 袁晓铭, 梁艳. 桩-液化土相互作用 p-y 曲线修正计算方法研究 [J]. 岩土工程学报, 2009, 31 (4): 595-599.

[68] 王凯, 钱德玲. 液化场地的桩-土-上部结构振动台模型试验的研究 [J]. 合肥工业大学学报, 2011, 34 (11): 1687-1691.